行为与健康

——儿童不良行为早期发现与矫正

马海燕 代旭东◎编著

金盾出版社

内 容 简 介

本书分为二十五章，分别列举了儿童不同年龄阶段普遍存在的如口吃、多动症及成瘾等 40 余种不良行为习惯，揭示了这些不良行为习惯形成的原因、对儿童的危害、应当采取的措施及矫正的方法等。每一章节末，都根据需要配有"知识链接""警言警句"等内容，使各个章节重点突出、段落清晰、层次分明、结构活泼，让读者易于读，方便记，容易查。本书可供家长、教师，以及具有一定阅读能力的儿童阅读，参考本书，可以及时了解儿童不良行为的形成原因和危害，并帮助和指导他们进行矫正，以促进儿童健康成长。

图书在版编目(CIP)数据

行为与健康：儿童不良行为早期发现与矫正 / 马海燕，代旭东编著 . -- 北京 ：金盾出版社，2013.2
　　ISBN 978-7-5082-7997-8

　　Ⅰ.①行… Ⅱ.①马…②代… Ⅲ.①儿童—不良行为—行为治疗 Ⅳ.①B844.1

中国版本图书馆 CIP 数据核字(2012)第 271803 号

金盾出版社出版、总发行
北京太平路 5 号(地铁万寿路站往南)
邮政编码：100036 　电话：68214039 　83219215
传真：68276683 　网址：www.jdcbs.cn
封面印刷：北京凌奇印刷有限责任公司
正文印刷：北京军迪印刷有限责任公司
装订：兴浩装订厂
各地新华书店经销
开本：850×1168 1/32 　印张：7 　字数：120 千字
2013 年 2 月第 1 版第 1 次印刷
印数：1～6 000 册 　定价：18.00 元
(凡购买金盾出版社的图书，如有缺页、
倒页、脱页者，本社发行部负责调换)

前言 *Foreword*

一个新的生命从诞生的那一刻起，就开始了他或她各种行为活动的"起航"。虽然每个孩子都无法避免地秉承了来自各自家庭所给予他们的遗传特质，但是，由于人类行为的复杂性，也决定了他们的行为模式习惯将会受到许多因素的干扰和影响，从而必定会沿着不同年龄阶段的轨迹完成生命的"航行"。

事实上，对于我国的儿童来讲，社会经济的快速发展是一把双刃剑，在给他们带来富足、愉悦生活的同时，也带来了一些影响他们身心健康的现实问题。例如，社会价值观的转变、独生子女或单亲的家庭结构、儿童教育体制的模式化，以及某些不良社会风气、环境污染的影响等等，无形之中给正处在生长发育期的儿童带来了巨大的心理压力。随之，口吃、挖鼻孔、多动乃至网络成瘾等一些不良行为，在孩子们中间如同打开的潘多拉魔盒子一样"层出不穷"，不仅影响了他们的身体健康及家庭和睦，甚至关乎民族的兴旺乃至国家的盛衰。

那么，儿童行为发展的"航线"都有哪些特点呢？什么样才算是"航线"偏离了呢？偏离了"航线"又该怎样去矫正呢？通过这本书，让我们和你一起，帮助那些处在生长发育期的儿童纠偏竖正吧！

作 者
2012 年 10 月

目录

第一部分　儿童不良躯体行为与健康 /1

第一章　含乳头睡觉——母爱的"危险" /2

第二章　吮手指——幼稚的心灵慰藉 /7

第三章　咬指甲——负性情绪的追随者 /12

第四章　不良舌习惯——舌尖上的芭蕾 /18

第五章　偏侧咀嚼——不平衡的运动 /22

第六章　口呼吸习惯——被迫开启的紧急通道 /26

第七章　咬嘴唇习惯——嘴边的"肥肉" /31

第八章　口吃——"畅所欲言"不是梦 /36

第九章　挖鼻孔——无聊的消遣方式 /44

第十章　挖耳朵——源于家长的"坏习惯" /49

第十一章　抠肚脐——生命之门的误撞 /54

第十二章　多动症——过于活泼也是病 /59

第十三章　夹腿综合征——婴幼儿期的性本能活动 /73

第十四章　遗尿——睡在"泽国"里的孩子 /79

第十五章　拔毛癖——痛并"快乐"着 /87

第二部分　儿童不良日常行为与健康 /93

第一章　饮食方式跑偏，后果很严重 /94

第二章　运动失当，儿童伤不起 /130

第三章　不良睡眠习惯有隐患 /139

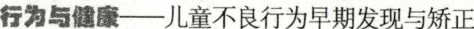

第四章　书包过重，助手变对手 /151
第五章　莫让学习喜剧变悲剧 /157
第六章　吸烟——始于童年的慢性自杀 /167
第七章　宠物——魔鬼与天使的结合体 /174

第三部分　儿童电子产品过度使用与健康 /186

第一章　儿童电视"综合征" /188
第二章　人脑与电脑，此消彼长 /200
第三章　手机达人的烦与恼 /211

第一部分
儿童不良躯体行为与健康

儿童在生长发育的过程中，影响其生长、发育和行为的因素很多，个体作为一个生命存在是从精子和卵子结合为受精卵开始的，经过十月怀胎，一个成熟的生命就会脱离母体来到人间，经历从新生儿、婴儿、幼儿、学前期等过程逐渐长大成人。在长大成人的过程中，其生理生长和行为发育受到一类非常重要因素的影响，而儿童自身躯体行为，如习惯性动作和日常生活养成的不良倾向，对其生长发育和心理发展均起到至关重要的作用，不管什么因素导致的不良行为，均可对儿童身心健康的发育造成伤害，甚至影响成年后的生存质量。随着儿童神经系统的发育，学龄前儿童的动作协调和情感丰富性有了进一步的发展，此期他们活泼好动、好奇心强、喜欢模仿，但由于对情感和情绪的调节能力还较差，表现为易冲动，好发脾气、自制力差、易受暗示和诱导，因此出现吸允手指、发脾气、攻击性行为、破坏性行为等紧张性行为。家长不要以为孩子小，吃饱、穿暖就行了，而要注意对孩子的行为进行正确的引导，关注儿童的各种心理需求，努力为孩子创造良好的环境。

行为与健康——儿童不良行为早期发现与矫正

第一章
含乳头睡觉——母爱的"危险"

母乳是大自然赐给新生婴儿的唯一食物,也是人类最初和最好的食物。当母亲在给新生婴儿哺乳时,常常有种很美好的感觉,对婴儿的深爱、着迷之情油然而生,以至于婴儿吃饱睡着后还会吸吮妈妈的乳头许久。长此以往,婴儿就养成了只有含着妈妈乳头才能睡觉的习惯。殊不知这种习惯会影响婴儿的健康,甚至有时会危及婴儿的生命。

一、含乳头睡觉的习惯是如何养成的

许多婴儿睡觉都有一个习惯,就是需要一个固定的安慰物,只有在这个安慰物的陪伴下才能安然入睡。安慰物的选择常因人而异,如小奶嘴、手绢、枕巾、玩具等等。对于母乳喂养的婴儿来讲,妈妈的乳头当然是最佳的"安慰物"。

其实,婴儿含着乳头睡觉是一种非常不好的睡眠习惯,常是缺乏安全感及亲情的表现,不利于婴儿的正常发育。值得注意的是,婴儿这种不良习惯形成的原因主要与父母、尤其是母亲的喂养习惯密切相关。例如,有的婴儿因为睡觉前爱哭,妈妈为了哄他睡觉,就让他吃着奶入睡;有的妈妈因为感到很累,婴儿半夜一哭闹就半醒半睡地躺在那里把乳头塞到他嘴里;还有些母亲因为奶水不是很充足,总是担心孩子没有吃饱,所以婴儿一哭就给他喂奶。久而久之，妈妈的这些不良喂养方式就养成了婴儿只有含着妈妈乳头才能睡觉的习惯。所以要让他们改掉这一习惯，关键还是看家长，尤其是妈妈的配合。

二、含乳头睡觉有哪些危害

如果婴儿养成了含着妈妈乳头睡觉的习惯，其实是有百害无一利的，轻者可以影响妈妈的休息，重者会造成孩子窒息，甚至死亡。这样惨痛的教训不胜枚举。

（一）引起龋齿

已经长牙的婴儿如果含着妈妈的乳头睡觉，由于夜间唾液分泌较少，口腔的自洁能力下降，加上夜间口腔温度适宜，残留在牙面及牙间隙的奶液更容易被口腔内的细菌作用而分解，制造出大量的酸，从而和牙齿表面的钙发生反应，腐蚀婴儿的牙齿而造成龋齿。

（二）阻塞呼吸道

婴儿嘴里含着乳头，呼吸便会受到影响，有可能引起婴儿呼吸不畅而睡眠不安。一旦妈妈因疲劳而熟睡，身体和乳房有可能堵住婴儿的口鼻，但婴儿无力挣脱，这样会引起呼吸困难，甚至发生窒息危险。另外，婴儿吃奶后常有溢奶现象，如嘴里含着乳头，呕吐物因不能吐出，会反流入气管或肺而造成窒息，甚至死亡。

（三）耳道炎症

由于含着乳头睡觉，在遇到婴儿呕吐时，溢出物会流到婴儿的耳朵里去。婴儿耳部咽鼓管短，位置平而低，加之免疫功能低下，细菌侵入耳的鼓室和中耳后，易患急性化脓性中耳炎，如果治疗不及时，对婴儿的听力会有很大的影响。

（四）颌面畸形

含着乳头睡觉的另一弊端是影响婴儿牙床的正常发育，有可能形成"反䯊"，也就是俗称的"地包天"。同时会对婴儿牙齿的正常发育有不良影响，导致发育不良，上下颚之间甚至会变形，会使上下颌骨变形，导致上下牙不能正常咬合，这些都对婴儿的生长发育不利。

（五）消化不良

当乳头含在嘴里睡觉时，婴儿一醒就吮吸，时间长了容易导致胃肠功能紊乱而发生消化不良。此外，还可能因吸吮空乳头而咽下过多空气，引起呕吐或腹痛等不适症状。

（六）恋母情结

有的年轻妈妈特别地溺爱婴儿，不能及时地给婴儿断奶，婴儿都两岁了还含着乳头入睡。其实，这不仅是简单的断不断母乳的问题，岂不知，长此下去会使婴儿的恋母情结愈发严重，甚至会影响孩子成年以后人格的形成。

（七）损伤乳头

因"新任"妈妈的乳头皮肤娇嫩、干燥，每天要频繁经受婴儿潮湿的口腔吸吮、浸泡和口腔的摩擦，极易造成乳头皮肤的破损或感染。由于乳汁具有抑菌作用且含有丰富的蛋白质，能起到修复表皮的功能，故应在婴儿摒弃含乳头睡觉习惯的前提下，每次喂完奶后挤出少许乳汁均匀涂在妈妈乳头和乳晕处，以保护乳头皮肤的完整。

三、怎样才能让婴儿不含乳头睡觉

首先应当确定婴儿是否已经吃饱，假如是因为母亲的奶量有可能不足，使婴儿没有吃饱，那就应尽快解决好婴儿喂养的问题。如果是婴儿已经形成了含乳头睡觉的习惯，则呼吁年轻的妈妈们,应该有点母亲的职责和那股"狠劲儿",下决心改掉婴儿这个习惯,不能再让他们含着乳头睡觉了!因为这无论是对妈妈还是对婴儿都是不利的。

但需要注意的是,哺乳结束时不要强行用力拉出乳头,因在口腔负压下拉出乳头,可引起局部疼痛或皮损,也容易造成婴儿的牙齿向外突出。正确的方法是,让婴儿自己张开口,乳头自然地从口中脱出。如果婴儿仍含住乳头,可用手指头从婴儿口角伸入口腔内,婴儿就会自动放下乳头。也可用食指轻轻按压婴儿下颌,温和地中断吸吮。

四、正确的哺乳方法

母亲应将一手的拇指和其余四指分别放在乳房的上、下方,并把乳房托起成直锥形,而且母婴必须紧密相贴,婴儿的头与双肩朝向乳房。哺乳时母亲身体一定要放松,身体略向前倾,用手掌根部托起婴儿颈背部,四指支撑婴儿头部。喂母乳时无论白天和夜间都要把婴儿抱起来喂,以防乳头堵住婴儿鼻孔或因奶汁太急引起婴儿呛咳、吐奶。吃空了一侧乳汁,才能更好地刺激乳腺再分泌。喂奶前要将乳头洗干净,先挤出几滴,然后再让婴儿吃。

知识链接

1. 什么是恋母情结

所谓"情结"是指情感上的一种包袱,人称"mama boy",喻指在妈妈的呵护下总也长不大的男婴儿。恋母情结在精神分析中指以本能冲动力为核心的一种欲望。通俗地讲是指男性的一种心理倾向,就是无论到了什么年龄，都总是服从和依恋母亲，是心理上还没有"断乳"的现象。

2. 如何确认婴儿是否吃饱了

由于不同母乳喂养的婴儿有着不同的表现形式，以下几条仅供参考。

（1）婴儿醒着的时候，如果他吃饱了，就会开始吃着玩耍，比如：用舌头压着到处转头，或者吐露着玩儿。

（2）婴儿吃饱后可能会自动吐出乳头。当他重新找乳头的时候，如果是一口咬上去拼命吸吮，就证明他还有吸吮乳汁的需求；如果他看见乳头后不紧不慢的吸进去，就可能是为了寻找安全感，这时候可以不给他吃了。

（3）如果婴儿吃饱睡沉后，嘴会自然的微张，乳头便会自动脱离出来。

（4）假如妈妈感觉奶已经被吸空了，婴儿吸吮的力度也小很多了，就应当及时把乳头拿出来。

第一部分　儿童不良躯体行为与健康

第二章
吮手指——幼稚的心灵慰藉

吸吮是一种原始反射，婴儿吸吮自己的手指会得到如吮吸母亲乳头般的满足。有人认为，婴儿与幼儿吮吸手指的意义有所不同，婴儿时期吮吸手指是智力发展的一个信号，而如果幼儿期吮吸手指的现象还不停止，那就是一种不良习惯了。长期吸吮手指，就可能养成顽固性的癖好。尤其是孩子的情绪越不好时，吸吮动作就会越强烈。顽固的吸吮手指不仅对孩子的生长发育不利，也会影响孩子心理健康。因此，对于幼儿期孩子吮手指的不良行为应该进行干预。

一、为什么孩子喜欢吮吸自己的手指

其实，当婴儿能通过自己的能力把物体送到嘴里时，这标志着婴儿手、口动作互相协调能力的提高，而且对稳定婴儿自身和情绪也起到一定的作用。因此，吸吮手指不仅是孩子认识世界的一种独特方式，还可以让他们得到精神上的满足和安慰。

（一）生理需要

吸吮是一种原始反射，是人类个体最初的进食方式。刚出生的宝宝对吸吮有一种天生的需要，凡口唇接触到任何物体，都会引起吸吮反射。如果吸吮没有得到满足，他们就会想办法自己满足自己——吸吮手指。

（二）自我安慰

爸爸妈妈或看护人很少和孩子肌肤相亲，很少陪他们说话、做游戏，甚至饥饿、患病时也不能得到及时的抚慰，孩子对爱的需求得不到满足，这时吮吸手指是孩子的一种自慰方法。

（三）排遣压力

如果孩子的生活环境、看护人经常更换，或爸爸妈妈对其要求过严、经常训斥打骂、家庭关系紧张等等，在较大心理压力下，孩子会通过吃手来排遣内心的压力。

（四）对抗寂寞

现在的家庭一般都是一个宝贝，孩子往往缺少同龄伙伴而感到孤单、寂寞和乏味，因此时常会用吮手指或咬指甲来排遣孤单和寂寞的情绪，久而久之便养成了习惯。

（五）转移注意力

吮手指、咬指甲可以转移、分散对饥饿、身体疼痛和不舒服的注意力。若饥饿、疾病等不良情况经常出现，则可能使这类动作形成习惯性行为。

二、吮手指有哪些危害

吸吮手指时容易将病菌带入口中，会引起消化道感染或肠道寄生虫病，这是再普通不过的常识。除此之外，还可能对孩子的面部、手指、智力，以及心理造成不同程度的损害。

1. 由于吸吮动作需要两腮用力向内收缩，对孩子的牙弓形成一定的压力。因此，长期吮手指可能会引起牙弓变形，影响孩子的下颌骨发育，造成牙齿排列不齐、上下牙咬合不良，甚至出现面部变形等畸形。

2. 总是把手放在口中吮吸手指，可影响手指肌肉发育和精细动作的发展，从而对以后的工作、学习及生活产生某些不良影响。

3. 铅中毒儿童吮吸手指、咬手指的现象十分普遍。他们与地板、墙壁和玩具等接触最多，而从这些物品上脱落下的漆铅会污染儿童的手，经过吮吸和啃咬进入孩子的体内，引起体内血铅浓度的增加，进而影响儿童的智力发育。

4. 婴幼儿期已出牙的孩子经常吮手指，小手浸泡在口水里，受到牙齿的压迫，时间一久容易出现手指皮肤发红、裂口、蜕皮、肿胀、感染，甚至变形。手指甲亦易损伤，甚至脱落，出现甲沟肿胀、发炎等现象。

5. 如果孩子养成了吮手指的坏习惯，不仅会影响其身体健康，也容易产生紧张、焦虑、自卑、抑郁等不良情绪，进而影响他们的心理健康。例如，因吮手指引起的上下牙对不齐，会影响发音，造成口齿不清，可阻碍孩子与其他小朋友之间的交流，还可能会受到小伙伴的嘲笑。

三、吮手指的矫正方法

为了纠正这种不良习惯，家长有时操之过急，常采用一些简单的方法，如用纱布把孩子的手指缠起来，或用苦味、辣味的东西涂在孩子的手指上，甚至责怪打骂孩子。这些做法更容易使孩子产生自卑感和恐惧心理，反而影响治疗效果。

那么，正确地矫正孩子吸吮手指的方法是什么呢？可采取以下几种方法。

（一）行为忽视法

如果父母过分地关注孩子吮手指的行为，他反而更喜欢这么做,为的是引起你的注意,从而演变成一种故意的行为。所以,如果不是特别严重,家长可以采取置之不理的态度。此时,家长既要克服内心的焦虑,又要控制自己的情绪与行为。

(二) 双手占用法

家长可以想出各种办法来占用孩子的双手,让孩子去做需要用手完成的事情或者游戏,使孩子没有机会把手指伸进嘴里,这样孩子吃手指的时间就会逐步减少,而且这个习惯有可能最终消失。

(三) 培养自制力

等孩子足够大了告诉孩子吮吸手指的害处。父母对孩子的责怪常常没有用,最好是用亲切、简单易懂的语言对孩子反复说明他已不需要再用奶嘴了,否则会影响口腔发育,牙齿会长得不好看,讲话会不清楚,吮吸手指也有同样的害处。孩子明白了道理,也会自己注意改正。

(四) 消除诱因

弄清楚造成这个毛病的原因,消除诱因。比如,满足孩子被爱、被关注的需求,多与孩子交流感情,进行肌肤接触,这些可以通过陪孩子做游戏、定期为孩子修剪指甲、带孩子郊游来实现;睡前给孩子以温情,让其愉快安详地入睡。营造和谐的家庭气氛,使孩子有一种安全感、满足感与幸福感;改进家庭教育的方法,给孩子科学的引导和鼓励,恰当确定对孩子的期望值,多给孩子创造一些交友的条件。

(五) 医学矫正

消除吮手指习惯可用附有腭网或腭刺的活动或固定矫治器,使儿童在吮吸手指时,不再感觉舒适,起到提醒儿童纠正吮指习惯的作用。另外,戴在口腔前庭的前庭盾,也可用以消除睡眠时的吮指习惯，前庭盾将固有口腔与口外隔开，阻止手指伸入口腔。同时，前庭盾利用唇颊肌力量，矫正因吮指而前倾的上前牙。

切记，要孩子戒掉吃手指头的习惯并不比大人戒烟来得容易，也需要相当多的耐性才能如愿。

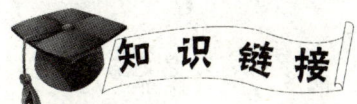

精神分析学家认为，婴儿的最初乐趣集中在口唇和口腔方面，他可能把手触及的任何东西都放入嘴里，对下颌运动、发音、吐口水感到十分快活。因此，著名心理学家弗洛伊德把婴儿出生后第一年称为"口腔期"，是人格发展的第一个基础阶段。

但在行为心理发展的任何阶段，如果遇到严重困难或者疾病，就可能使得这种不良习惯得以延续。

婴儿认识这个世界，首先是通过嘴开始的，而手对于大脑还没有完全发育的婴儿来说，只是一个外在的东西，而不是自己身体的一个器官。因此婴儿常会用嘴来吃手、啃玩具、咬衣角。从开始吸吮整个手，到灵巧地吸吮某个手指，这说明婴儿大脑支配自己行动的能力有了很大的提高，从而能够促进大脑、手和眼的协调能力。

行为与健康——儿童不良行为早期发现与矫正

第三章
咬指甲——负性情绪的追随者

小孩子咬指甲是一种常见现象，很多人小时候都有过咬指甲的经历。因此，一些年轻父母对孩子咬指甲的习惯往往不太在意。其实，咬指甲是一种不好的习惯，对孩子的健康成长有不少危害。人们常说，指甲就像身体的显微镜，身体健康不健康，常常就会在指甲上留下"记号"。据美国一位心理学家的调查资料表明，在6～12岁的儿童中，"经常"和"几乎整天"吸吮手指头的儿童发病率为12%，而咬指甲的儿童其发病率则高达44%。这些数据也体现出了指甲与疾病之间有着密切的相关性。

一、什么是咬指甲癖

咬指甲癖是儿童和青少年期一种常见的行为偏异，主要表现为经常性不能自控地无选择性地用牙齿反复咬十个指甲的行为。常导致手指损伤、指甲畸形和牙列不整等，并能影响儿童的正常交往活动。该症常与精神紧张有关，在生活节奏改变如入托、入学时易出现，部分小儿由于教育不当或模仿他人而形成，日久成为习惯。

二、咬指甲习惯形成的原因

一般认为，儿童咬指甲都是无意识行为，是口欲期的一种延续，是缓解紧张、分散注意力的一种不良的习惯性做法，其产生的原因是多方面的。

（一）婴儿期吮指转化而来

从生理因素上看，吮吸是一种原始反射，凡接触到婴儿口唇的任何物体，都会引起吮吸咀嚼反射。如果偶然出现咬指甲或持续时间不长，不应视为病态。随着儿童年龄的增长及与外界接触的增多，一般这一不良嗜好可以在不知不觉中消除。但是，若饥饿、疾病、孤独无伴、缺乏玩具等不良情况经常存在，咬指甲的行为就可能形成一种癖好，以致难以革除，往往伴有睡眠障碍、磨牙等症状。

（二）好奇心模仿习得

模仿是婴幼儿的主要学习方式，有的孩子看到其他小朋友咬指甲、吃手，或是看到大人抽烟时，常出于好奇心去模仿，容易形成习惯。

（三）不良环境因素所致

孩子爱咬指甲，有时往往反映一种心理情绪，如紧张、抑郁、沮丧、自卑感、敌对感等情绪状态，其根源可能是由于父母、学校的教养方式过于严格、粗暴，或家庭关系淡漠、亲情关系疏远、父母离异等，都会让孩子产生焦虑和缺乏安全感，从而潜意识里通过咬指甲的行为来排泄、掩饰心理的不良情绪。而有些孩子，由于咬手指甲经常受到老师和家长的批评、训斥，反过来又会产生紧张、焦虑的情绪，成为继发性精神刺激因素。

三、咬指甲会有哪些危害

咬指甲是一种令人难堪和讨厌的习惯，这种习惯对儿童的生理和心身健康都会有影响。

（一）细菌感染

孩子的手接触外界最多，整天东摸西摸的，甚至在地上爬，在指甲缝中和指尖上会沾有大量的细菌、病毒等病原微生物。指甲缝是利于细菌滋生的场所，虫卵在指缝中可存活多天。孩子在咬指甲时，不知不觉中把大量病菌带入口腔和体内，导致口腔或牙齿感染，严重的还会引发消化道传染病，如细菌性痢疾，或者肠道寄生虫病，如蛔虫病、蛲虫病等。

（二）口腔畸形

经常咬指甲还会对儿童的牙齿造成伤害，造成牙齿排列不整齐，如牙齿外暴、门牙缺角，影响孩子的容貌。

（三）破坏甲床

咬指甲还可能造成指甲畸形，破坏甲床；引发出血或感染，损伤甲板，使甲板缩短，周边不整齐，甲板板面粗糙，失去原来光泽；如侵及甲沟，可造成甲沟炎。

（四）指甲变形

指甲上皮非常重要，因为指甲在白色半月板下形成（通常仅在拇指能看到），然后从指甲上皮下长出。虽然咬指甲本身不会使之变形，因为并没有伤及指甲根。但是，指甲上皮有重要的功能，它可以抑制细菌——酵母菌及液体进入手指皮肤下层。当孩子咬指甲的两侧和指甲上皮，或剥脱、撕裂指甲上皮时，会造成其手指和指甲根部的轻度感染，这将导致永久性的指甲变形。

（五）铅中毒

目前我国很多儿童体内含铅量过高，除了大气铅污染外，儿童玩具、食品包装和学习用品等带颜色的塑料产品铅含量较高。孩子在玩这些玩具时，手上就会沾染铅，咬指甲时就会把铅吃进体内。因而，纠正爱咬指甲的不良习惯，在一定程度上有助于减少儿童铅的摄入。

（六）其他行为问题

部分儿童还伴有如睡眠障碍、多动、焦虑、紧张不安、抽动障碍、吸吮手指、挖鼻孔等其他行为问题。个别症状顽固者夜间也可出现咬指甲行为。

四、咬指甲的矫正方法

近年来，因咬指甲到医院就医的人数有逐渐上升趋势。事实上，社会及家长虽然普遍认为咬指甲是一种不好的习惯，但却不知道它也是儿童心理障碍的一种表现形式。目前认为，对于已养成此类不良习惯的儿童，在矫治时主要采取以下措施。

（一）弄清原因，对症下药

属于喂养方式不正确者，应培养孩子有规律的进食习惯，做到定时定量、饥饱有节；属于孤独、寂寞等原因，则要给孩子一些有趣味的玩具，让他们有机会与成人或其他孩子一起玩乐，培养其对环境、游戏的兴趣，以转移其注意力；如属家庭教育方式不当者，父母应注意自己的言行，过分的严格，望子成龙，反而会适得其反，在孩子心灵上造成不必要的困扰；学校教育不当所引起者，家长应多与老师沟通交流，改变咬指甲这一行为所产生的条件，逐渐纠正此类不良嗜好。

（二）正确教育，切忌粗暴

吮手指和咬指甲在幼儿时期是很自然的，因此不应简单地禁止，否则反而会强化这一行为，使他们感到更紧张。假如你能教给孩子放松的方法，他就能面对那些在通常情况下，可能会引起他咬指甲的压力与紧张情况。应告诉孩子，当他想咬指甲时就想一想那些让他快乐的事情，就不会产生这些不良嗜好。因此，对此类儿童的不良嗜好施予强行制止的行为是有害无益的，这只能使孩子的情绪更加紧张不安，甚至产生自卑感、孤独感等不健康心理。

（三）认知疗法

通过给孩子讲道理，让孩子认识到咬指甲的种种坏处，如难看、不卫生等，或让孩子意识到咬指甲时的样子（让他坐在镜子前观察自己咬指甲的样子，能使一些孩子受到强烈触动），从而促使他们从主观上认识咬指甲这种行为是不好的。

（四）兴趣转移法

儿童是因为闲着没事做时就咬指甲，可以培养他们一些兴趣爱好，使孩子的手被别的事物占据，顾不上咬指甲。例如，当你的孩子看电视的时候，会习惯性地咬指甲，那么就在电视附近放一些可以画画的东西，当孩子喜欢的节目出现时，鼓励他将那些东西画下来；或让他做一些更好的事情，给他一个不显眼的小东西，如一串珠链手镯、一个橡皮球、一块光滑的石头，让他在要咬指甲的时候玩它们。

（五）放松疗法

可教给孩子一些小的放松练习，每天坚持做可以缓解不良情绪，也可以益智。例一：让孩子握紧拳头直到感到手很紧张，握紧拳头数15下，然后猛地放开，这时他会感到手发热和额头出汗。反复做这个练习，一直做到手放松后发热和感到沉甸甸的为止。例二：放松嘴和下巴。给孩子发出这样的指示：闭紧嘴，轻轻地磨牙，闭住嘴微笑，用鼻子深深地和缓慢地吸进一口气，吐气时突然张开嘴，反复练习，直到脸部肌肉放松为止。

（六）奖励政策

假如你的孩子想停止咬指甲，那么你们可以订个"合同"。

例如，他一天或一周不咬指甲，就去一次游乐园；如果能一个月不咬指甲，就给他买一块属于他自己的手表；然后把没有咬指甲的日子记录下来，依"合同"进行奖励。

（七）修剪手指甲

家长应定期给孩子修剪指甲，防止指甲感染和表皮损伤。修剪孩子指甲最好由专业人员来进行，如由心理医生来完成，因为这样孩子就会认为在家长之外还有别人监督他，有利于改正咬指甲的习惯。但同时要注意，必须在孩子同意的情况下才能这样做。

五、何时应当去看医生

假如孩子所做的只是咬掉了指甲尖，这并非医学问题。但是当孩子咬指甲很厉害，以至于将指甲撕脱或者使手指出血时，这就成了医学问题。特别是，当家长看到孩子有手指慢性肿胀发红，或指甲凸凹不平等任何形式的感染症状时，就应该尽快带着孩子到皮肤科去就诊。

警言警语

纠正孩子咬指甲的毛病需要有一个过程，年龄越小越比较好纠正。所以，当家长发现孩子有咬指甲的毛病时就要尽早矫治，千万不可大声训斥，更不要粗暴地强行将孩子的手指从嘴边拉开，否则这可能会在潜意识中加重孩子咬指甲的习惯。

第四章
不良舌习惯——舌尖上的芭蕾

众所周知,舌灵活的肌肉不但让人们在说话的时候可以抑扬顿挫,同时舌面上满布的味蕾还能让人感受到食物的酸甜苦辣。但是,如果因某些缘故使孩子养成了一些不良舌习惯的话,就会使原本发育正常的孩子出现颌面部的畸形。因此,家长应该了解这些不良舌习惯所造成的危害,注意观察儿童的舌习惯和牙齿的变化。毕竟,谁也不愿让自己原本健康的孩子变得"龇牙咧嘴"。

一、不良舌习惯形成的原因

在常见的儿童口腔不良习惯中,不良舌习惯是较多见的之一。儿童时期的口腔不良舌习惯与儿童的口腔生理习惯、牙齿的替换都有着密切关系,并与某些疾病及精神等因素有关。常见的原因有以下几种:

1. **解剖学因素** 如孩子的舌系带过短、扁桃体肥大,以及先天性舌体肥大等。

2. **疾病因素** 如先天愚型、脑瘫、智力低下等。

3. **精神因素** 因饥饿、烦躁、紧张,或是单纯的模仿等精神因素所致。

二、不良舌习惯的类型及危害

不良舌习惯一般包括吐舌、伸舌、舔牙及伸舌吞咽四种。因不良舌习惯的表现形式不同，给孩子造成的危害也不尽相同。

（一）吐舌习惯

吐舌习惯可以形成前牙区的梭形开𬌗畸形。由于舌尖伸于上、下前牙之间，阻止了前牙在垂直方向的萌出，前牙不能萌出至𬌗平面，以建立正常的覆𬌗关系，而形成前牙开𬌗畸形。因为舌体的两边薄、中间厚，所以前牙局部开𬌗表现为两边小、中间大的梭形间隙。

（二）伸舌习惯

伸舌习惯常是因为扁桃体肿大而呼吸不通畅、牙弓狭窄致舌的侧向运动受到限制而成。孩子患有慢性扁桃体炎时，由于扁桃体增生肥大，患儿为了使咽腔气道增大，常不自觉地将舌前伸。此时若经常用舌顶下前牙，可使下前牙向前倾斜，出现散在间隙，甚至形成前牙反𬌗。此外，伸舌习惯有别于吐舌习惯。伸舌习惯舌向前伸的幅度较吐舌习惯要大，并且伸舌习惯在舌向前伸的同时带动下颌向前移位。因此，伸舌习惯除可造成前牙开𬌗外，同时还有下颌前突畸形，俗称"地包天"。

（三）舔牙习惯

儿童乳牙脱落以后，留下一个空当或有残根，有的小孩子喜欢用舌头去舔，会使新长出的牙齿向外翘。舔上门牙时造成门牙唇向倾斜，导致前牙深覆𬌗、深覆盖；舔下门牙时，造成下门牙前突，导致前牙反𬌗；若同时舔上、下前牙，则可引起上、下门牙的前突或双牙弓前突。

（四）伸舌吞咽

伸舌吞咽为婴儿型吞咽的延续，因为在乳牙萌出之前，婴儿吞咽时，舌位于上下颌牙槽突之间，唇颊肌都参加吞咽活动。随着乳牙的萌出，这种婴儿型吞咽活动逐渐被正常吞咽动作所代替，但有的小孩长期使用奶瓶进食，使这种吞咽动作延续下来。伸舌习惯也可以因吃手习惯等造成开𬌗，然后形成继发性异常吞咽动作。因为只有舌前伸位于上下牙之间堵住开𬌗的开口，并在唇颊肌、颏肌和表情肌的参与下，吞咽动作才能完成。伸舌吞咽常引起上前牙前突而加重开𬌗，严重者前牙及大部分牙均无𬌗接触。若不及时给予治疗，则开𬌗畸形继续发展，颌骨生长方向也会改变，形成更严重的骨性畸形。

三、不良舌习惯的矫正方法

一般情况下，儿童能在 7～8 岁后自行纠正不良习惯，所引起的颌面部畸形大都能消失。对有不良舌习惯的儿童应当说服教育，如果仍不能奏效，可在医生的帮助指导下矫正这些不良习惯。

1. 积极寻找并去除病因，例如，人工哺乳时乳胶奶头的长度要合适，因乳胶奶头过长，吃奶时舌会过度前伸才能含住奶头；适时地给婴儿固体食物，避免长期使用奶瓶等。

2. 及时治疗扁桃体炎及舌系带过短等原发疾病。

3. 如果因不良舌习惯已给孩子的颌面部造成畸形，则应当尽快进行矫治。

4. 如果上述方法治疗无效的话，可以考虑使用戒除不良舌习惯的矫治器，如采用腭刺矫治器、唇挡矫治器，以及前庭盾等。

5. 舌不良习惯矫治后，应考虑采取肌功能训练的方法，消除或改善因不良舌习惯引起的口腔功能与形态的异常。具体方法是，放一小块咬碎的硬糖在舌尖之上，将舌上抬，使舌尖与矫治器上腭屏接触，当糖溶化时做吞咽动作。注意吞咽时，舌不能离开腭屏的后面，每次练习至少3遍，每日3次。

舌有什么作用

舌是口腔中随意运动的器官，位于口腔底，以骨骼肌为基础，表面覆以黏膜而构成。哺乳类的舌具有搅拌食物、协助吞咽、感受味觉和辅助发音等功能，而人类的舌还是语言的重要器官。

 警言警语

这些不良舌习惯导致畸形的速度比较缓慢，隐蔽性强，不易被发现，往往得不到患儿家长的早期重视，直到畸形明显时才会引起关注，为时已晚。

第五章
偏侧咀嚼——不平衡的运动

偏侧咀嚼是一种常见的口腔不良习惯，多发生于青少年。长期偏侧咀嚼可影响儿童口颌系统组织形态结构的生长发育，导致各种牙齿错𬌗、颜面畸形，甚至颞颌关节疾病的发生。因此，指导偏侧咀嚼儿童养成良好的咀嚼习惯，对防治口腔部位相关疾病、保持颜面部的健康十分重要。

一、什么是偏侧咀嚼

咀嚼其实是一种比较复杂的反射性活动，需要多"部门"的合作才能完成。它是在神经系统的支配下，通过位于面部两侧咀嚼肌的收缩动作，来带动颞下颌关节、颌骨、牙齿及牙周组织产生的节律性运动。咀嚼对口颌系统的正常发育具有重要作用。偏侧咀嚼是一种不正常的咀嚼习惯，多是由于一侧后牙功能障碍或疾病、下颌关节功能性疾患，以及面部神经、肌肉活动异常所诱发，也有的是因单纯习惯行为所引起的。

二、偏侧咀嚼形成的原因有哪些

偏侧咀嚼是一种临床上较为常见的异常咀嚼习惯。一般情况下，产生偏侧咀嚼的原因除习惯性以外，很大程度是为了避免因牙齿或口腔病变所引起的不适和疼痛所造成的。

（一）牙齿病变

在乳牙发展的后期，由于乳牙脱落，儿童一侧牙齿正常的咀嚼功能受到影响，所以只能用另一侧的牙齿吃饭；或因一侧牙烂掉而没有及时治疗，吃东西疼痛，不得已只能用健侧牙齿进食；在年龄较大的儿童，由于一侧牙齿缺失后没有及时镶复而不能用它咀嚼。

（二）口腔病变

由于口腔内出现肿瘤、外伤、局部黏膜溃烂等病变，导致了只能用一侧咀嚼食物。

（三）偏侧咀嚼习惯

无明显原因诱发的习惯用一侧牙齿咀嚼。

三、偏侧咀嚼有哪些危害

正确的吃饭方法是交替使用两侧的牙齿咀嚼食物。但是，一旦养成了用一侧牙齿来咀嚼的习惯，则对于儿童颌面部的发育及健康十分不利。

（一）影响脸部美观

如果经常只用一侧牙齿吃饭，会使该侧的面部肌肉和颌骨发育过度，形成功能性肥大；而对侧的颌骨和面部肌肉则因长时间得不到锻炼而萎缩，形成该侧面部瘦小、塌陷，医学上叫失用性萎缩。这样一侧肥大、一侧萎缩，就出现了颜面部的不对称，这对处在生长发育阶段儿童的影响更为明显。假如长时间没有引起注意，孩子的面部已经发育成不对称的畸形，想要纠正过来就很困难，往往需要采用手术进行矫正。

（二）引发口腔疾病

偏侧咀嚼与龋齿、牙龈炎及牙周病等多种口腔疾病的发生也有关系。当牙齿咀嚼食物时，可以起到清洁牙齿的作用，这就是牙的自洁作用。而废用侧牙齿因无咀嚼功能，自洁作用丧失，可以造成废用侧牙垢堆积，渐渐形成了牙结石，久而久之，牙结石越积越多，很容易引起牙龈红肿、疼痛、流脓、出血，以及牙齿疼痛、松动等症状。

（三）导致颌关节病变

长期习惯于偏侧咀嚼的儿童，由于咀嚼肌的力量不平衡，使下颌关节的正常位置发生了改变，出现了两侧下颌关节的不对称，导致关节内各部分负荷发生变化，可引起下颌关节病变。

（四）引起牙齿其他病变

由于咀嚼侧牙齿承受了更多的咀嚼工作而造成牙齿磨耗严重，容易产生牙本质过敏，牙齿遇冷、热、酸、甜等刺激会疼痛，甚至可能引起牙髓炎而发生剧烈牙痛。此外，对于超负荷"工作"的咀嚼一侧的牙齿来说，还会缩短它们的使用寿命。

四、纠正偏侧咀嚼习惯的几种方法

由于偏侧咀嚼对整个口颌系统的生长发育及正常功能都会产生不良影响，因此，尽早纠正偏侧咀嚼习惯、及时修复缺失牙，对于维持儿童面部的对称性，以及口颌系统的健康发育具有重要的意义。

（一）养成双侧咀嚼习惯

对于儿童的偏侧咀嚼要根据病因来治疗、纠正。首先，父母应重视偏侧咀嚼习惯的危害，要监督孩子养成双侧咀嚼的正常习惯。对已形成偏嚼习惯的儿童，应耐心教育，进行纠正，恢复双侧咀嚼功能。

（二）积极治疗各种口腔疾病

口腔疾病是儿童时期的多发疾病，也是造成孩子偏侧咀嚼习惯的重要原因。因此，应当及时发现和尽早治疗。但是，由于大部分孩子对看牙有不同程度的恐惧感，加之有些家长误以为孩子的乳牙到一定的年龄时会更换新牙，出现问题时没有必要进行治疗。其实这是非常错误的。无论孩子是牙齿出现问题，还是有了其他的口腔疾病，都应当尽快到医院进行治疗，以防止养成偏嚼习惯。

（三）矫正面部畸形

一般情况下，偏侧咀嚼的习惯消除后，孩子颜面左右不对称的发育畸形将会停止发展。当出现因长期偏侧咀嚼已造成两侧面部的颌骨生长及肌肉发生不对称的改变时，首先应进行双侧咀嚼功能的对称训练。如果训练一段时间仍没有效果，可试用专用口腔矫治器进行治疗。但这种方法不太适用于年龄较小的儿童。

 警言警语

咀嚼对青少年颅面骨骼的生长发育具有重要刺激作用。长期偏侧咀嚼时，因非咀嚼侧的颅面骨骼所受到咀嚼力的刺激较小，表现为颅面骨骼发育不足，而咀嚼侧发育相对过度，可出现骨性颜面不对称。这种不平衡的改变对于生长发育中的青少年来讲是不可逆的，应加以注意。

行为与健康——儿童不良行为早期发现与矫正

第六章
口呼吸习惯——被迫开启的紧急通道

呼吸与人的生命息息相关。一个人从出生的瞬间起就离不开呼吸,呼吸停止也就意味着生命的结束。正常情况下,吸入的空气,需经过鼻腔、通过气管而到达肺部。如果孩子的鼻腔或鼻咽部因某种疾病发生堵塞,就会不由自主地用口进行呼吸,以维持人体内正常的气体交换。但是,长期用口呼吸,会使鼻子这个天然的"恒温箱"和"除尘器"的功能减弱,很容易导致呼吸道感染,甚至出现孩子面部的改变。

一、口呼吸形成的原因

一般情况下人用鼻呼吸或混有少量的口呼吸。当口呼吸比例增大超过一定范围时,医学上称为口呼吸。口呼吸习惯常发生于患有鼻咽部疾病的儿童,因呼吸道部分或全部不通畅,患儿就只得改用口来呼吸。也有儿童是自我养成的不良习惯,但比较少见。引起口呼吸的常见鼻咽部原因主要有以下几种:

(一)咽后部增殖体肥大

位于鼻咽腔的咽扁桃体肥大也叫增殖体肥大,是引起小儿用口呼吸最常见的病因。除有鼻塞外,还可能在睡眠时打鼾和喘息。这些表现往往在孩子患感冒时明显加重,以至于出现憋气、烦躁,甚至影响睡眠。

（二）鼻腔黏膜发炎

孩子的鼻腔狭小、黏膜柔嫩，黏膜下血管和腺体很丰富。当发生感冒或鼻旁窦感染时，鼻黏膜很容易充血、水肿，使分泌物增多。孩子鼻腔的通道被堵塞后，黏性或脓性的鼻涕潴留在鼻内，可导致鼻呼吸不畅而被迫进行口呼吸。一般情况下，感冒治愈后，鼻塞就会逐渐消除，恢复正常的鼻呼吸。

（三）鼻腔内异物

有的孩子出于好奇，误将纸团、果核、瓜子、纽扣等塞入鼻孔内。时间久了，这些异物会在鼻腔内引起感染，流黄脓鼻涕或少许血性鼻涕。虽然鼻腔内异物引起的鼻塞常是单侧性的，但由于孩子的鼻腔原本就狭小，一侧堵塞后，往往需"发动"口呼吸来进行代偿。

（四）其他少见鼻咽部问题

孩子患了鼻中隔脓肿或血肿时，肿胀的黏膜和脓液会充满鼻道，也能引起双侧或单侧性鼻塞，并可伴有鼻肿、发热等症状。假如新生婴儿出生后就不能用鼻子呼吸，家长要引起警惕了。应尽早请专业医生进行检查，以便排除一些少见的鼻咽部疾病，如先天性后鼻孔闭锁或肿瘤等。

二、口呼吸有哪些危害

人正常呼吸的主要通道是鼻腔。鼻腔里有鼻黏膜，并且有丰富的毛细血管，可以阻挡空气中的灰尘和细菌，并使空气湿润温暖，这对呼吸系统是一种保护。而人的口腔里就没有鼻腔里的这些构造，所以，用口呼吸对儿童的身体健康十分不利。

（一）诱发呼吸道感染

用口呼吸时，空气直接由口腔进入气管，空气中的细菌和灰尘、杂质等就会带入肺内，空气通过口腔时还易把口腔内的细菌吸入肺部引起肺部感染。此外，由于孩子睡眠时迷走神经兴奋性增高，气管分泌物增多，但咳嗽的反射并不敏感，无法及时地将分泌物排出气管，因此对病菌的抵抗力减弱，很容易诱发呼吸道疾病。

（二）影响牙颌发育

长期用口呼吸，会造成牙弓和牙的畸形，重者可出现颌骨变形、腭拱变高、鼻发音受阻，以及牙齿前突等。口呼吸时，下颌下垂，舌也被牵引下落，上颌弓内侧失去舌体的支持，使上颌弓失去了内、外肌肉的正常动力平衡。在外侧受颊肌压迫，内侧失去舌的支持的情况下，上颌牙弓宽度不能正常发育，遂发展为牙弓狭窄、腭盖高拱、前牙拥挤或前突，而下颌不能向前发育，出现下颌后缩。而且因咀嚼肌的张力不足，使咀嚼功能下降，进而颌骨得不到正常的生长发育。

（三）出现面部改变

有些鼻咽腔增殖体肥大严重的孩子，因长时间的张口呼吸，可造成面部发育障碍，呈现出所谓的"增殖体面容"，其特点是硬腭高拱、切牙外突、嘴唇厚、上唇上翘、面部表情呆滞等。如果增殖体压迫邻近的咽鼓管开口，还可并发中耳炎，使孩子的听力受到影响。

（四）引起口腔疾病

长期用口呼吸还容易引发许多口腔疾病，如牙龈炎、牙周炎、龋病和口臭等。此外，张口呼吸还会使口腔黏膜干燥，不但使孩子感到很不舒服，而且还可使口腔内的抵抗力降低，造成细菌感染而引起咽炎或扁桃体炎等。

（五）睡觉打呼噜

有些体格比较肥胖的孩子，由于入睡后用口来呼吸，结果是睡下后就开始打呼噜。这是因为入睡时空气从口吸入后，会引起口腔后部的软腭的震动，于是发出隆隆的鼾声。大多数家长把孩子打呼噜看成是睡得香的表现，其实它是健康的大敌，有时可引发"睡眠呼吸暂停综合征"。由于在睡眠时呼吸反复暂停，长时间发作会影响孩子大脑的发育和智力水平。当然，如果孩子的睡觉姿势不正确有时也会发出鼾声。

三、口呼吸的矫正方法

由于口呼吸习惯常发生在患有鼻咽部疾病的儿童，因此，首先要检查孩子的鼻咽部，确认是否存在某种疾病，以免贻误治疗，影响对口呼吸习惯的矫正。

1. 发现孩子的鼻腔有问题时，应当给予积极治疗，尽量使孩子的鼻腔保持通畅。

2. 对已形成牙颌畸形的儿童，则应及时到医院进行矫治，以免使畸形发展得更加严重。

3. 如果孩子鼻咽腔的增殖体过度肥大，即便是还没有出现所谓的"增殖体面容"，也应及早进行增殖体切除术，以改善孩子的呼吸状况。

4. 寻找打呼噜的原因。假如是因为孩子睡觉的姿势不正确而引起呼吸不通畅所造成的打呼噜，及时调整睡眠姿势后鼾声即可消失。

5. 若无鼻腔阻塞，只是由于儿童自我养成用口呼吸的习惯，则应给予训导。应对儿童讲明用口呼吸的坏处，鼓励和监督幼儿用鼻呼吸，培养他们从小就养成用鼻呼吸的好习惯。

鼻呼吸的重要性

鼻子也是呼吸器官的一部分，正常的鼻呼吸功能与儿童健康关系密切。

用鼻呼吸时，鼻腔不只是空气的通道，还具有对吸入的空气进行过滤除尘、润湿加热的功能。当冷空气进入时，鼻腔里的血液就增多、流速加快，将空气调节到与体温相似的温度和湿度；鼻孔里的鼻毛能够挡住空气中的灰尘和有害气体，在受到刺激后，就会打喷嚏而将其排出体外；此外，吸入空气中的灰尘和微生物可被吸附在鼻腔上，并随着纤毛运动和吞咽动作而咽入胃内或被咯出。同时，鼻腔黏液中还含有一种叫做"溶菌酶"的物质，能抑制和溶解外来的细菌。

因此，经过鼻呼吸所吸入的空气基本上可以达到没有病菌的净化程度，对维持孩子呼吸道的正常生理活动非常重要。

第七章
咬嘴唇习惯——嘴边的"肥肉"

年轻的家长们一般比较关注自己的孩子有没有蛀牙,其实孩子的一些小动作如吐舌、咬唇等,虽然特别有童真,但却隐藏着损害健康的危机。咬嘴唇不仅可引起牙齿的错殆畸形,还可能影响孩子面部发育的协调性。所以,及早发现孩子有没有咬嘴唇等一些不良的口腔习惯,随时提醒他们尽早戒除,也是保持身体健康的重要一环。

一、什么是咬嘴唇习惯

咬嘴唇是一种很不好的习惯,多发生于6~15岁的学龄儿童,女孩比较多见。常由于儿童情绪不好或模仿别人而做咬唇动作,日久即形成了咬嘴唇的习惯。咬嘴唇习惯可以单独存在,也可伴有吮手指习惯。多数情况是习惯于咬下唇,也有咬上唇现象。由于咬上唇或下唇对牙齿形成的压力不同,因而所造成的牙齿错殆或者是面部畸形也各不相同。

二、咬嘴唇习惯形成的原因

吸吮动作是儿童出生即有的本能,包括吮手指和咬上下嘴唇,这些动作会给小儿带来一种舒适感和安全感。一般讲,吸吮动作可延续到1~2岁,3~4岁时就消失了。

正常情况下，2岁幼儿期吸吮动作处于消失阶段，但遇到生活环境改变，感到紧张或不安时，这些动作就又出现了。尤其是由于家庭不和睦，父母对孩子关心得少，使孩子感到紧张和寂寞时，他们只好"求助于"咬下嘴唇来解除内心的紧张，并借以安慰自己。

三、咬嘴唇习惯有哪些类型

按照孩子不同的咬嘴唇动作，可分为咬上嘴唇、下嘴唇以及覆盖下唇三种类型。

（一）咬下唇习惯

经常咬下唇会使上前牙舌侧和下前牙唇侧（指上、下门牙）受压，这种异常压力会推动上门牙向前逐渐倾斜，压迫下门牙向后移动。结果造成上门牙过度前龇，牙齿间出现缝隙，下门牙排列拥挤而不整齐，上下门牙前后距离较大。此外，儿童咬下唇的不良习惯与唇部黏液囊肿的反复发生也有着密切的关系。

（二）咬上唇习惯

咬上唇形成的牙齿错𬌗畸形与咬下唇者恰好相反，可能造成前牙反𬌗，下颌向前突出，从而使上门牙内聚，排列拥挤，下门牙稀疏及下颌骨前突。

（三）覆盖下唇

由于口腔不良习惯或其他因素，造成前牙深覆盖，则下唇自然处于上下前牙之间，而被上前牙所覆盖，这种不正常现象称为覆盖下唇或称为继发性下唇卷缩。下唇的压力可加重上前牙唇侧移位，并加重下颌远中错𬌗畸形的发展。

四、咬嘴唇有哪些危害

咬下嘴唇虽然只是一个不经意的小动作，但长久下去会影响孩子颜面部的正常发育，如出现牙齿畸形，甚至面部变形等一系列改变，对孩子的健康非常不利。

（一）牙齿畸形

正常情况下，牙齿位于唇舌之间，舌肌和唇颊肌的压力在牙齿内外处于平衡状态，这对维持牙齿的正常排列和唇部的自然形态有非常重要的作用，尤其在儿童生长发育时期，如果孩子有咬唇的习惯，则破坏了这种内外平衡，势必使牙齿的排列和唇部的自然状态遭到破坏，出现一系列的畸形。

（二）面部变形

有咬下唇习惯的孩子因咀嚼时不容易咬断食物，上嘴唇也会被前龇的上牙支得向外卷缩而变厚，与下嘴唇难以并拢，可形成"齿露唇开"的面容，既影响牙齿的功能，又影响美容。而咬上唇习惯的孩子时间久了可形成门牙反错，俗称"兜齿"或"地包天"，孩子的下半面部显得凹陷。

（三）黏液囊肿

时常见到有些儿童的下嘴唇上，长出像黄豆般大的小泡，很柔软，仔细看上去还透明，破溃后会流出发黏的液体，愈合不了几天，就又长了出来，这就是医学上所说的"黏液囊肿"。这是因为人的口腔里除了有三大成对的唾液腺，即腮腺、颌下腺和舌下腺外，还在口腔黏膜（包括唇黏膜）的下面，分布着好些孤立而分散的唾液腺。黏液囊肿就是由于这些小腺体的导管受到了阻塞，使得黏液排不出去所造成的。儿童的唇组织不仅娇嫩，而且内含丰富的血管、神经。有些儿童有不断用上前牙去蹭摩或咬唇的不良习惯，这样就容易使嘴唇黏膜下面的小腺体排泄管受到机械性的压迫而发生阻塞,形成囊性肿物。

(四)引起感染

有咬唇习惯的孩子,唇部常有牙齿的咬迹,很容易发生唇炎,引起反复感染。

五、咬嘴唇的矫治方法

帮助孩子戒掉咬唇坏习惯前,首先要审视一下自己是否忽视了孩子的情感要求、孩子周围的环境(在幼儿园是否与小朋友和老师有交往问题、家庭中父母的管教态度是否一致)等。在调整了外部环境因素后,不妨试试以下的方法。

1. 如果咬嘴唇的习惯已经形成了,家长要保持冷静的态度,要耐心、细致、循循善诱地引导教育孩子,让他们懂得牙齿和嘴唇对人有什么作用,然后教孩子懂得如何保护好自己的牙齿和嘴唇,使他们逐渐理解成人的意图,并慢慢学会改正自己的不良习惯。毕竟养成好习惯需要较长时间的坚持,破除坏习惯也并非一朝一夕之事。

2. 引导幼儿观察、模仿其他的小朋友,把自己的嘴闭紧。当孩子有了初步改正时,就要及时地给予肯定或表扬。若幼儿入睡前常咬着嘴唇,家长可轻轻把他的嘴唇扒开,让其安静入睡,这样做也能促使孩子逐渐纠正其咬嘴唇的毛病。

3. 父母要多与孩子玩耍、说话和皮肤接触,以满足他们的心理需要。可以与他们一起做游戏,分散其注意力,以克服咬嘴唇的毛病。需要提示的是,父母一定不要在儿童面前吵架,以免对孩子的心理造成创伤而养成咬嘴唇的不良习惯。

4. 医学矫正。如果采用以上的方法后孩子仍无法改掉咬嘴唇的毛病,特别是已经出现了牙齿咬合,以及面部形状发生改变的问题,这时家长就应当即刻求助于专业的口腔正畸医生,医生会根据孩子的具体情况进行阻断性治疗,或者制作矫治器帮助他们矫正这一不良习惯。

警言警语

嘴唇干裂千万别用舌舔

嘴唇干裂虽然只是一种"小毛病",但常常让孩子感到很不舒服,有的孩子因为反复用舌头舔嘴唇,在嘴唇的周边形成了一圈白色皲裂线,既难看又难受。

人体嘴唇的湿润全靠局部丰富的毛细血管和少量的皮脂腺来维持。当出现干燥、血液循环差或维生素摄入量不足等原因时,嘴唇就会干燥开裂。这时有些孩子为了滋润口唇,常常习惯于用舌头去舔它。岂不知这样反而会带走嘴唇更多的水分,使其陷入"干—舔—更干—再舔"的恶性循环中,结果是越舔越痛,越舔越裂。另外,由于唾液里面含有淀粉酶等物质,水分蒸发后可黏附在嘴唇上,使嘴唇的黏膜更加干燥,严重时还会引起感染。多饮水,多吃新鲜蔬菜和水果,同时补充维生素,涂擦儿童专用的维生素E唇膏,唇裂很快就可痊愈。

第八章
口吃——"畅所欲言"不是梦

人类对于口吃这一特殊语言障碍的关注从公元1世纪左右就开始了。但什么原因造成了口吃，至今还是一个没有解开的"谜"。因而甚至有人认为口吃是世界上"最奇怪、最复杂"的病症之一。尽管口吃的发生可以涉及任何年龄、性别、种族、地域，抑或职业的人群，但仍以儿童常见，约占儿童总数的5%。

一、什么是口吃

口吃（Stuttering），俗称结巴，是指说话时以言语中断、重复、不流畅为主要症状的一种习惯性的语言障碍。世界卫生组织（WHO）将口吃定义为：口吃者知道自己想说的确切言语，却因为不随意的、音节的重复、拖长或停顿而不能及时说出。

二、口吃人群知多少

1. 目前全世界口吃人群约为1.5亿。
2. 我国口吃人群约有1300万。
3. 成人口吃患病率约为1%。
4. 儿童口吃患病率约为5%。
5. 儿童开始出现口吃的年龄为2～4岁。

6. 口吃的男女平均比例约为 4∶1。

根据国外的人口学调查显示，有 1%～3% 的人群存在口吃。以我国 13 亿人口计算，大约有 1300 万人正在受到口吃的困扰。遗憾的是我国目前尚无有关口吃发生几率的人口学调查和相关数据的研究，现有的数据只是根据国外调查结果的推测。

三、口吃的好发年龄

一般情况下，口吃的开始年龄往往在 2～4 岁之间，除非遇到大的打击或创伤，很少有人在成年后才开始口吃。但如果得不到及时矫正，儿童时期开始口吃的人中约有 20% 成年后依然有这一缺陷，这就造成了成年人中 1% 的口吃患病率。

四、口吃有哪些类型

一般来讲，人们将口吃分为发育性口吃和获得性口吃两种。发育性口吃比较常见，多在儿童期或青少年期起病，常呈渐进性病程，可持续到成年，占成人总人口的 1%～3%；获得性口吃可在任何年龄阶段出现，常常突然发病，主要是由药物、精神创伤或脑损伤等因素引起的。通常口吃研究和治疗所涉及的对象主要是指发育性口吃。

五、口吃形成的原因

多年来，尽管国内外的人们对口吃的成因进行了不间断的研究和探讨，但由于它牵涉到了遗传基因、神经生理发育、心理状况和语言行为等多方面的复杂因素，因此，儿童口吃的原因尚不太清楚，只是多数人认为它的形成主要与以下因素有关。

（一）模仿他人口吃

很多儿童的口吃是模仿他人的口吃而习得的。口吃的"感染性"很强，由于儿童的语言功能还不完善，又喜欢模仿他人，如孩子之间的互相模仿、经常和口吃的人接触等，均可导致儿童出现口吃。

（二）思维与表达能力不平衡

在2～7岁，随着自我意识的发展，儿童的表达和表现欲望逐渐增强。但此时由于语言功能尚未发育成熟，儿童的思维能力、词汇的掌握和组织句子的能力都在发展阶段，这使他们在表达复杂的思想时感到困难，说话过于急躁、激动或紧张。儿童急于表达时，造成头脑中储存大量语言信息，但表达能力却跟不上，思考与说话的速度无法配合，从而出现较多的口吃现象。

（三）父母矫枉过正

父母对子女言语能力的形成要求过急。当孩子学话时，过多的矫正，或采取恐吓手段逼迫孩子学话，使儿童紧张，说话时压力很大，失去信心而发生口吃。

（四）遗传因素

近年来的一些研究显示，口吃可能与遗传或某种脑功能障碍有关。遗传学家在调查了大量口吃儿童的家族情况后发现，口吃具有一定的家族聚集性。典型的例子是，在不同国家及文化氛围中进行的双生研究显示，口吃有很高的遗传性。他们认为，口吃可由决定声带音质的遗传因子遗传给下一代。美国最新研究甚至提出，口吃是由于基因变异，影响了大脑对声带肌肉的控制能力所致。

六、口吃的诊断标准

多数人认为，口吃的诊断须符合下列三项：
1. 经常出现语音或音节的重复或延长，影响说话的流畅性。
2. 无表达内容障碍。
3. 排除抽动症及其他神经系统疾病。

七、口吃有哪些危害

（一）心理"扭曲"

口吃不仅影响儿童语言功能的发育，还会极大地损害儿童的心理健康，使儿童产生心理压力，自尊心受挫，容易形成孤僻、退缩、羞怯、自卑的不良个性。口吃儿童往往情绪不稳、容易激动。他们害怕在大庭广众下讲话，害怕上课时老师提问，不愿意主动与同学交往，易患自闭症。

（二）表情"夸张"

口吃患儿讲话时，常伴有口颊肌、面肌、颈肌、胸肌和腹肌的紧张，有时四肢也会紧张，因此，往往出现面红耳赤、挤眉弄眼、张口结舌、伸颈昂头、握拳蹬脚，甚至出现拍大腿等紧张动作。

（三）行为"怪异"

常常逃避热闹、孤独喜静；常立志、常矢志，主要是因为一方面想改变自己，但行动力太差，不能恒而持之；在社交场合口欲言而嗫嚅，身欲行而趑趄，行动拘谨、手足无措等。

八、警惕口吃的危险信号

1. 孩子在每 100 个音节中有 3 个或 3 个以上的口吃性不流畅（如"这－这－这"）。

2．说话时面部、颈部肌肉紧张，气息憋闷或语音和说话带有意想不到的声调上升或延长。

3．孩子在表达过程中，由于语流受阻而产生点头、眨眼、拍腿、跺脚等伴随动作。

4．孩子表现出逃避反应，或者表现出明显的不愿表达的意愿，看起来非常沮丧。

当出现 1~2 种上述的症状时，则证明孩子的言语流畅性及表达方式出现了比较严重的问题，需要及时向有关的专家进行咨询，对儿童进行及早治疗。

九、来自"吃友"的忠告

1．不要学别人口吃，因为模仿也容易变成口吃。

2．如果发现身边的人口吃，不要提醒他，因为提醒会加重对方的口吃程度。

3．口吃会反复发作，所以请给"吃友们"多一点鼓励。

4．上网打游戏、沉迷电视的孩子也容易口吃，家长应特别注意。

5．发现孩子口吃，不要打骂他，否则他会更加自卑，加重程度。

十、几种有效的矫正方法，不妨一试

（一）书写训练矫正法

国外有人发现，患口吃的人写字时大多非常潦草，龙飞凤舞，而如果让他们经常练习一笔一画地写字，对矫正口吃有一定效果，这是因为人类说与写的能力有着极为密切的关系，假如让口吃患儿坚持练习一丝不苟地写字，就会逐渐养成从容不迫的思维习惯，讲话的节奏亦逐渐均匀，最终使得口吃得到矫正。

（二）发音训练矫正法

通过发音训练来矫正口吃的方法有许多种，其中我国著名口吃治疗专家钱厚心先生发明的方法疗效较好，基本程序如下：

1. 先进行单词发音训练，即先练习发二三个字组成的词或词组。练习时要保持平静、松弛，要慢一些，发音要轻，还要把字咬清楚；另外，第一音稍低一些，第二、第三音发正常响度即可，字与字之间的间隔要较为均匀，每个字音的长短要大致相同。

2. 待上一步训练完成，患儿已能够正常地发出单词后，就可进入句法练习。句法练习是练习发几个词组成的词组或字数较少的完整句子。例如，"中国人民"、"我去看电影"这样的句子就可以作为练习的材料。刚开始时句子要短一些，词与词之间应有间隔。随着分节的熟练程度的逐渐提高，须逐步减少音节，或弱化音节之间的差别。

3. 朗诵训练。这一训练步骤主要以朗诵较长的句子为主。朗诵练习时周围环境最好比较安静，使朗诵者认真体会。练习须反复进行，每天都要坚持1～2小时。

（三）体育疗法

经常参加体育锻炼，特别是经常做深呼吸对矫正口吃也很有帮助。这是因为口吃患者有个特点，说话时心情紧张，急于把话说完，造成气短，从而破坏语言节奏，形成紊乱现象，使口吃加重。所以，口吃患者要参加体育活动，多做深呼吸，说话要慢一点，心情不必紧张，说不出来不硬说，停顿一会。这样长期坚持下去，会使大脑皮质对发音器官的协调能力得到改善，建立起新的条件反射，使口吃的不良习惯得到矫正。工夫不负有心人，经验证明，只要持之以恒地练习，一般只要半年就可以把口吃矫正过来。

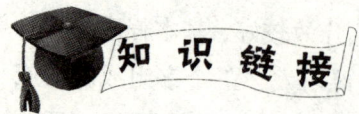

1. 朗读——美国总统林肯克服口吃的法宝

美国总统林肯天生说话有口吃，可是他自从立志要做律师之后，深深了解了口才的重要，从此每天到海边对着大海练习演讲。经过千万遍的练习，林肯不仅成为一位名声斐然的律师，而且踏入政界，成为美国有史以来最为人怀念的一位总统。现在大家提到林肯，只记得他留下脍炙人口的葛底斯堡演讲词，却绝少有人记得，他曾患有口吃，说话比一般人都差劲。可以说，他一生时时伴随着演说活动，也时时伴随着优秀作品的朗读。毫无疑问，朗读对他训练口才起了很大的作用，甚至有人认为，朗读是林肯从演说家迈向总统宝座的成功之路。

2. 几种常用的朗读方法

（1）低声朗读：选择最精彩的作品，通过低声细吟慢读，做到与作者在心灵上的无声交流。

（2）高声诵读：把优秀的作品高声而有感情地朗读，做到对其中的佳句，在交谈时能信手拈来，运用自如。

（3）快速朗读：逐次加快朗读速度，做到快而不乱，快而不错，最终一气呵成。这样，既训练了灵敏的思维，又训练了快速的记忆。

（4）模仿角色朗读：通过模仿不同角色，反复朗读，表现出不同的语气、语调和各种神态。

（5）面对听众朗读：把作品片段面对面地读给别人听，力求读得抑扬顿挫，犹如在与人畅谈。

3. 国际口吃日

1997年,由美国言语语言听力联合会、口吃联合会欧洲联盟、国际言语流畅协会和国际口吃联合会四个组织共同决定:每年的10月22日为"国际口吃日"。遗憾的是,与世界艾滋病日、国际禁毒日这类知名的"健康日"相比,知道"国际口吃日"的人并不多。

 **警言警语**

应当注意的是,口吃本身只是"病症"的一种表象,由此对儿童造成的心理压力,乃至性格的扭曲才是口吃需要尽快矫正的关键所在。口吃可影响孩子的正常心理发育。

第九章
挖鼻孔——无聊的消遣方式

据说,美国《临床精神病学杂志》早在1995年2月就在美国作过一项调查,结果表明,挖鼻孔是人类的一种普遍行为。台湾媒体报道,在一本名为《挖鼻史》的书中,作者甚至从漫漫历史长河中找出了人类挖鼻孔的最早"记载",时间是公元前4075年,当时古埃及的一幅壁画中,就有男性以手指挖鼻孔的画面。这么说来,人类有据可考的"挖鼻史"已经超过6000年了。事实上,在医生看来,孩子挖鼻孔的习惯,既易损伤身体健康,也非常不雅观,应当给予及时制止。

一、挖鼻孔形成的原因有哪些

对于还在生长发育的孩子来讲,鼻子是最容易发炎的器官。不仅如此,用力擤鼻涕可以引起中耳炎,一颗烂牙不治会引发鼻窦炎,挖鼻孔、拔鼻毛会导致鼻出血等,这些平时不在意的小习惯不仅会让鼻子受苦,还能影响相邻的器官,对孩子的健康造成伤害。

日常生活中,很多孩子都有用手指抠挖鼻孔的习惯,这其中除了鼻子本身的原因以外,也有好奇心在作怪。

有挖鼻孔习惯的孩子一般都有过敏性鼻炎、鼻窦炎、鼻中隔弯曲或者鼻子干燥症等不同程度的疾病,这些孩子在抠挖鼻孔的同时还经常会伴有揉鼻子、吸鼻子、清嗓子等一些"小动作"。

有人发现，并不是所有挖鼻孔的行为都是在鼻孔受到刺激时才会发生。很多时候，它是人的一种不自觉行为，这在小孩子身上表现得格外明显。大部分家长因为看到自己的孩子有事没事就挖鼻孔，一般都会很担心。实际上对于并没有任何疾病的孩子来讲，养成的挖鼻孔习惯，就跟喜欢玩自己的指甲一样，最大的动机是出于对自己身体的好奇。

二、挖鼻孔对身体有什么害处

在日常生活中，有些孩子在鼻子不舒服时喜欢用手去挖鼻孔，可鼻腔是呼吸系统的第一道"防线"，长此以往，假如这道"防线"的功能受到破坏，就可以引起鼻子的发炎、出血或者化脓。如果处理不及时，鼻子的炎症扩散开来，就有引起脑炎的可能，甚至危及孩子的生命。所以，挖鼻孔看起来是个小毛病，但它所引起的危害会很严重。

（一）与呼吸道健康密切相关

鼻子是人体呼吸道的门户。有人统计过，目前大部分的呼吸系统感染是由于忽视鼻腔清洁引起的。不良挖鼻孔习惯往往可引起鼻腔内的黏膜萎缩，使得分泌物减少，鼻腔的防御能力下降或丧失，导致一系列的呼吸系统的疾病，如咽炎、气管炎或鼻窦炎等发生，严重时可以继发肺内感染等疾病。

（二）可引发致命的颅内感染

挖鼻孔常会使鼻腔成为微生物侵袭的门户，引起鼻腔内感染，严重时可形成疖肿或鼻周围组织的蜂窝织炎。由于鼻腔的静脉与头颅腔内的静脉相连通，因此鼻腔内的细菌可顺着血流进入孩子的头颅内，造成颅内化脓性感染。所以，以鼻子为中心的"危险三角区"切不可轻举妄动。

（三）鼻腔内的病菌可向全身传播

由于人体鼻腔中含有许多葡萄球菌，当人体抵抗力低下或者皮肤有破损时,用手抠鼻孔就会造成这些病菌的传播,从而诱发葡萄球菌样烫伤性皮肤综合征,患儿全身会因此出现大小不等的水疱及发热、腹泻等症状,治疗不及时甚至会有生命危险。

(四)引起鼻腔出血

人体的鼻腔内有一层又薄又嫩的黏膜,黏膜下面有十分丰富的毛细血管,如果经常挖鼻孔,就会使毛细血管受到损伤,严重时可以造成出血。

(五)鼻腔内反复结痂

如果感冒时,鼻腔内分泌物较多可引起干痂。鼻孔里结痂是很不舒服的,于是不太懂事的孩子总想用手指把它挖掉,这样就会出现挖了结痂,结痂后又挖,以至于长期不愈的情况。

此外,有的孩子还养成了拔鼻毛的习惯,破坏了竖立在鼻腔里的"防护林"。殊不知,拔鼻毛与挖鼻孔一样,对孩子的健康也可以引起同样的危害。

三、如何改掉坏习惯

挖鼻孔是一种不良行为,需要尽早纠正。

1. 因为鼻腔干燥、鼻子堵、鼻腔发痒等都可能会引起小儿挖鼻孔,所以首先要查找和治疗鼻子本身存在的问题。如果孩子是因为过敏性鼻炎而抠鼻孔的话,可以采用抗过敏药物进行治疗;如果因室内空气太干而造成的鼻腔干燥,可在地面上洒些水,或用空气加湿器,保持室内一定的湿度,让鼻孔湿润、减轻瘙痒感。

2. 在鼻内的结痂产生不舒服感觉时,应当忍耐和克制,不要用手指挖鼻孔,这样,只要经过几天时间,伤口愈合,痂皮脱落了,不舒服的感觉就消失了。如果结痂面过大,鼻痒难以忍受,可以涂些药膏或氧化锌油,使痂皮软化,鼻痒就会缓解。

3. 鼻孔的保洁能让鼻子少存脏物,这是非常重要的。有的专家建议，如果在每天早晚给孩子洗脸时用水清洗一下他们的鼻子，不仅可以防止鼻孔干燥、发痒，而且可以保护鼻子的健康，减少呼吸道疾病的发生。

4. 为避免小儿用手指挖鼻孔，家长要为小儿准备一块手帕随身携带，告诉他有了鼻涕或鼻子发痒时可用手帕擦鼻子或揉鼻子，不要用手挖。手帕要经常换洗。

5. 家长要注意言传身教，因为有的小儿最初只是看大人挖鼻孔感到好奇而进行模仿，以致最后形成了习惯。

6. 食用富含维生素A、维生素B、维生素E的食物，防止感冒，减少对鼻部的刺激。日常饮食中，应让孩子少吃辛辣刺激和油炸类的食物，多喝些汤或粥，以达到清肺润燥的功效，也可以多吃萝卜、南瓜、黄瓜、柑橘等具有滋阴润燥功效的果蔬。

1. 什么是"危险三角区"

所谓"危险三角区"一般是指以鼻梁骨的根部为顶点，两口角的连线为底边的一个等腰三角形区域。这个区域里的血管丰富，口腔、鼻、咽喉及眼等部位的感染都可以扩散到这里。更重要的是在这个区域内有不少血管通向大脑，它们一旦损伤或感染，就很容易把细菌及其毒素传送到大脑里面，引起脑膜炎或脑脓肿。所以，在"三角区"内的疖肿，哪怕仅仅是一个很小的疖子，也千万不要用手去挤压，那样会引起感染扩散。本来只是一个微不足道的小疖子，因为挤了一下而发生了脑膜炎，以致丧失生命的实例并不少见。因此，要教育孩子，千万注意保护好"危险三角区"。

2. 儿童流鼻血时的应对方式

当孩子流鼻血时，首先大人要保持镇定，切勿慌乱，以安抚被出血

行为与健康——儿童不良行为早期发现与矫正

惊吓的孩子。最好让孩子半坐位,用拇指和食指压住孩子鼻翼两侧及上面的软组织,一般几分钟后就能止血。如果压迫超过了10分钟后仍未止血,则表示出血严重,或存在其他问题,应当马上送医院进行处置。因为,有些孩子流鼻血与挖鼻孔导致的受伤无关,而是血液疾病造成的。

3. 全国爱鼻日

近年来,随着我国经济水平的发展,鼻部的疾病也呈现出上升的趋势。为了引起公众对呼吸健康和鼻部疾病的关注,北京同仁医院、复旦大学附属眼耳鼻喉科医院、河南省军区医院耳鼻喉科等机构于2005年共同倡导和发起了全国性的鼻科疾病宣传日——即"全国爱鼻日",时间设定为每年4月的第二个星期六,目的是为了提醒人们预防鼻部疾病、提高健康水平。

4. 国王先生的"挖鼻禁令"

讨厌挖鼻孔的人有很多,其中最"杰出"的代表当数11世纪英国的一个国王。据说,在这个国王看来,挖鼻孔简直就是一件令人发指的事情。正好,作为一国之王,他可以郑重地表明自己的喜好,于是颁布了"挖鼻禁令"。禁令规定,本国民众不得公开挖鼻屎,违者将处以极刑。与此同时,为避免士兵在战场上因忍不住挖鼻孔而影响战斗力,英国人还发明了"锁指甲手套"。

人们对当众挖鼻孔行为的讨厌,以及英国那部现在更多的只是作为笑谈被说起的"挖鼻禁令",可以视为是人类发展中的小小插曲。

 **警言警语**

讲卫生、爱清洁是每个人的好习惯,但洗鼻孔的习惯可能好多人都没有。其实,洗鼻孔与洗脸同等重要。你可能会发现有时鼻孔比脸更脏,所以应当帮助孩子养成天天清洗鼻孔的习惯。

第十章
挖耳朵——源于家长的"坏习惯"

耵聍俗称"耳屎"或"耳垢",是外耳道软骨皮肤耵聍腺皮脂腺的分泌物,有保护外耳道皮肤及黏附灰尘、异物和外耳道皮肤脱落上皮等作用。但在日常生活中发现,有些家长有时出于清洁或者是好奇,看到孩子耳朵内长了"耳屎",非要把它挖干净不可,一来二去竟养成了习惯。

一、挖耳朵有哪些危害

经常给孩子掏耳朵,对健康是有害的,具体表现在以下几方面。

1. 容易损伤外耳道皮肤。掏耳朵时如果"耳屎"坚硬或比较多,容易把皮肤划伤,细菌便会乘机进入伤口引发感染。

2. 由于经常刺激外耳道皮肤,使皮肤淤血,造成"耳屎"分泌增多,堆积严重。也就是说,"耳屎"越掏越多。

3. 经常掏耳朵可刺激鼓膜发生慢性炎症,鼓膜发红、变厚,外耳道也会流出少量脓液。

4. 如果掏耳朵不小心,还有刺伤鼓膜的危险。在给小儿掏耳朵时,如果小儿突然挣扎或刺激外耳道出现咳嗽反射,这种意外就更难免。

5. 挖耳朵的工具五花八门,如挖耳勺、棉棒、火柴棍、曲别针等,恨不得用上十八般武艺。同时,一旦孩子耳痒,家长则不分时间、地点,随痒随挖,殊不知,此举暗藏诸多祸端。

二、经常挖耳容易引发的耳道疾病

尽管挖耳是一个不经意的小动作,但是经常挖耳引起的继发性损害也屡见不鲜。例如,随意挖耳可直接损伤外耳道皮肤或者神经末梢,导致慢性外耳道炎、耳鸣、耳痛、耳聋等,有时甚至终身不愈。

(一)损伤外耳道

外耳道是一自外耳道口至鼓膜的弯曲管道,呈"S"型曲线。外耳道的皮肤薄如蝉翼,皮下组织稀少,与软骨膜附着紧密。挖耳时尖锐的挖耳器具或粗暴的挖耳方式常引起小儿外耳道损伤,甚至出血。

(二)引起外耳道感染

如果家长挖耳用力过度,可损伤外耳道皮肤甚至细菌乘机而入;也可因来回搔刮,把细菌挤入毛囊、皮脂腺管,引发炎症、流水;严重者会形成外耳道疖肿和外耳道炎。

(三)诱发外耳道湿疹反复发作

外耳湿疹是发生于耳郭、外耳道及其周围皮肤的多形性皮疹,多见于过敏体质的小儿。但如果长期习惯性地挖耳朵,造成外耳道皮肤粗糙、增厚、表皮皲裂、脱屑,进而出现局部的炎症、剧痒,也可引起外耳湿疹。湿疹渗出液的长期刺激可继发感染,合并外耳道炎,此时容易引起误诊,并难以治愈。

(四)刺破鼓膜

鼓膜是位于外耳道和鼓室之间的椭圆形半透明薄膜,起到保护鼓室和内耳的作用。如果经常挖耳易刺激鼓膜发生慢性炎症，使鼓膜发红、变厚。挖耳朵时由于不熟悉耳朵的解剖结构，看不清耳内组织或用力不当，很容易将耳道深处的鼓膜刺破，使外耳腔和中耳腔之间相通。这样，病菌就很容易进入到中耳腔内，引起中耳腔感染，甚至造成鼓膜穿孔，耳道长期流脓，这就影响了孩子的听力，甚至导致耳聋。

此外，家长若是经常给孩子挖耳，孩子很可能也模仿家长的行为，自己拿小棍或挖耳勺放进外耳道搔扒，危险极大。由此所造成的惨痛例子不胜枚举。

三、"耳屎"的妙用

人们一般以为"耳屎"就是耳内的垃圾，其实它有一个非常有意境的学名叫"耵聍"。耵聍是外耳道耵聍腺分泌的一种淡黄色的黏稠液体，富含许多大家意想不到的成分，如氨基酸、脂肪酸、溶菌酶、免疫球蛋白等。

"耳屎"的主要用处有：

1. 可保护外耳道上皮，防止耳道皮肤干裂。
2. "耳屎"是酸性的，具有抑菌和杀菌的生理功效。
3. 可黏附灰尘，阻挡小飞虫等生物体进入外耳道。
4. 保护鼓膜不受外来异物的伤害。

四、"耳屎"的正确处理方法

既然耳朵不好挖，如有"耳屎"又怎么办呢？

1. 少量的"耳屎"存在外耳道中，对耳朵的清洁卫生和听觉影响不大，相反它对耳朵还起着保护作用。所以，"耳屎"不是太多的话，可以不必理它。
2. 干燥的"耳屎"，在人们说话和吃饭的时候，由于口腔的咀嚼动作使得面部颌关节不断的活动,也可使它变成微细的粉末从外耳道掉出来,所以没有必要去挖它。平时我们在耳郭里摸到一些粉末状的"耳屎",就是随着颌关节的运动而从外耳道掉出来的。

3. 正常情况下"耳屎"一般不会过多地累积在外耳道里。但是,有时因洗头、洗澡或游泳后使耳道内"耳屎"软化,与外耳道紧密相贴,可引起耳道发痒,而诱发其挖耳。正确的方法是用棉签蘸消毒生理盐水小心地清理外耳道,然后给予医用酒精或其他局部消炎溶剂,以达到止痒、消炎的目的。

五、小飞虫误入耳中的应急对策

"耳屎"有一种特别的苦味,小虫子不喜欢,所以一般不会进入孩子的耳中。但是,如果万一有个"愣头青"误闯入孩子的耳道时,家长也不必惊慌。在不方便或没有条件寻求医生的帮助时,可以先按下面的方法帮助孩子进行初步处理。

1. 小飞虫一般都喜欢亮光,所以可以利用其趋光性,用手电筒等能发出亮光的东西照耳孔,不长时间小虫就有可能爬出来了。

2. 用干净棉签蘸上医用酒精或50度以上的白酒,在耳孔壁上擦一下,小虫闻到酒精的气味后就有可能爬出来。

3. 如果用以上的方法后还是不行,并且孩子的耳膜没问题,就可以在耳孔里滴几滴食用油,这样虫子再不出来就会被淹死,稍后即可取出小虫的尸体,再用干净的棉签揾干耳孔就可以了。

4. 切记,无论小虫是否被取出,都要尽快请医生检查,帮助确认孩子的耳道是否确实没有问题。

六、湿性耵聍者应该怎样清理耳道

少数人耳内耵聍腺分泌旺盛,外耳道上皮脱落较慢,耵聍不表现为块状,而为黏稠的液体,被称为湿性耵聍,俗称"油耳"。

一般情况下湿性耵聍是生理性的,属正常现象。但如果伴有异味,则可能是耵聍腺被细菌感染。

湿性耵聍人的"耳屎"生成速度比较快,如果长期不清理外耳道,可能会形成耵聍栓塞,影响听力。此时,最好到医院请专科医生使用专门器械取出,取出后须坚持用滴耳剂滴耳2～3天以预防感染。

1. 耳朵的用处

我们日常意义上所指的长在脑袋两侧的耳朵,在医学上被称作耳郭。耳郭主要由软骨构成,它有两种生理功能:一是它弯弯曲曲的复杂形状能有效阻挡外来物体的进入,以保护外耳道和耳膜;二是它那周边开敞、中间凹陷的形状有利于从周围收集声音,传入外耳道。当听着比较费劲时,人们习惯于把手放在耳后,这样可以帮助收集声音。

2. 全国爱耳日

1998年3月,在政协第九届全国委员会第一次会议上,社会福利组15名委员针对我国耳聋发病率高、数量多、危害大,预防薄弱这一现实,提出了《关于建议确立爱耳日宣传活动》的第2330号提案。这一提案引起了有关部门的高度重视,经中国残疾人联合会、卫生部等10个部门共同商定,确定每年3月3日为全国爱耳日。

切记不要随便给孩子掏耳朵。如果孩子的"耳屎"形成硬块,或耳道误进杂物,要及时去医院请医生处理。除特殊情况外,父母最好不要擅自处理。警惕挖耳"挖"出大毛病。

第十一章
抠肚脐——生命之门的误撞

脐带是连接婴儿和母体的"生命线"。当婴儿呱呱坠地来到人世间后,这条"生命线"的历史使命也就结束了。所以,婴儿出生的时候医生会把脐带剪断,而脱落后的脐带残端就永远留下了一个小小瘢痕,被称之为"肚脐眼"。由于凹陷的"肚脐眼"是个"阴暗的角落",极易积水纳污,如果养成了经常抠挖的不良习惯,就可能会造成感染,甚至引发致命性疾病。

一、孩子为什么会抠肚脐

(一)儿童心理发展过程中的一种行为问题

说得严重点,孩子抠肚脐眼也可以说是儿童心理发展过程中的心理卫生问题。这种行为往往开始于对孩子采取强制睡眠时,如睡不着他们就会在入睡的过程中玩一些东西,而枕头、自己的衣服、被子及自己的身体某一部分都可以是他们玩耍的内容,包括咬指甲、抠肚脐等不良行为。一开始可能只是一个简单的"游戏",慢慢的这些不良行为就会变成一种习惯性的生理需要。

(二)为了满足自己的好奇心

有时小孩子抠肚脐是因为好奇,他们是在通过某种行为,如抠肚脐来探索自己的身体。还有的孩子会在某一个生长阶段对孔洞非常感兴趣，喜欢抠鼻孔、肚脐眼，甚至电源插孔等。也可能是孩子感觉这样做很有趣，并且往往是妈妈越不让他们动，他们就越发好奇而越想去动。

（三）肚脐局部不舒服

由于凹陷的"肚脐眼"很容易积水，且不易干燥。有的孩子，特别是胖孩子由于围绕在肚脐周围的脂肪较多，肚脐自然就凹进去了。如果家长给宝宝洗澡后没有将积聚在肚脐内的水及时擦干，有的孩子局部的皮肤就会长湿疹或发炎，引起瘙痒，而出现抠肚脐的行为，久而久之就养成了"习惯"。这种情况尤其容易发生在天冷给宝宝洗澡时，常因为怕冻到孩子，就赶快穿衣服，而忘记将肚脐及时擦干。

二、抠肚脐都有哪些危害

（一）引起脐部发炎

由于凹陷脐部的污垢原本就是细菌良好的培养基，如果护理不当，或经常地抠挖，细菌就可以大量地生长繁殖而引起脐部红肿，医学上称为脐炎。

美国科学家近日通过一项研究发现，人类肚脐是一个细菌窝，里面寄生着大约 1 400 种细菌。其中有 80% 的细菌身份已得到证实，它们来自 40 种常见的细菌种群，主要是无害的皮肤寄生细菌。另外，肚脐内的细菌数量，因清洗肚脐的频率而有所差异。研究人员表示，"日常生活中，人们很少注意到肚脐的存在，也很少有人经常清洗肚脐里面的细菌，这为细菌的生存提供了绝好机会"。这一发现可能促使家长注意保持孩子肚脐的清洁。

（二）导致败血症

如果脐炎进一步发展，细菌可通过解剖上尚未完全闭合的潜在通道——脐血管进入血液循环，造成败血症等严重后果。当然，这种情况主要见于刚刚出生、对细菌感染抵抗力很弱的新生儿。

（三）病菌入侵到肝脏

肚脐虽然没啥贡献，但却能捅娄子，一旦感染了，病菌会顺着肝圆韧带一路到达肝脏，从而引发内脏感染。尤其是宝宝，肝圆韧带原本作为供血血管的功能还没有完全结束，依然残留着部分血液循环，病菌顺着血液循环会跑得更快。

偏偏肚脐发炎还跟别的地方不一样。正常情况下，如果有病菌入侵，淋巴细胞会对病菌进行攻击和防御。但是，肚脐没有淋巴组织，如果弄发炎了，只能乖乖地任病菌蹂躏，然后再一路感染到肝脏。

三、抠肚脐该如何矫正

孩子抠肚脐的不良行为在形成之初就及时加以纠正，效果往往是非常好的，一旦时间长了形成习惯，要想纠正就有比较大的难度。因此，家长必须细心地寻出孩子抠肚脐的原因，耐心地帮助孩子尽快矫正。

1. 认真观察孩子出现抠肚脐的原因，是不是只在睡眠之前有抠肚脐的行为，如果答案是肯定的，那就应当尽量缩短孩子的入睡时间，可以通过加大运动量等方式，帮助孩子能很快进入熟睡状态，以避免抠肚脐的动作反复出现。

2. 如果发现孩子抠肚脐是因为感到肚脐局部不舒服而引起的，应当马上采取相应的处理办法。假如是因脐部湿疹所致，只要保持脐部皮肤清洁卫生和干燥就很快会痊愈；如果是发炎了，可以用无菌棉签蘸碘酊擦洗脐部，然后用消毒纱布包扎。需要提示的是，孩子的脐炎可轻可重，最好还是去医院检查和治疗为好。

3. 对于稍大一点儿的孩子，可以采取形象生动的方式，给孩子讲解肚脐的作用和抠肚脐的危害，一旦明白了这些，他们矫正自己不良行为习惯的主观意愿才可能建立。

4. 有的家长为了避免孩子抠挖肚脐，给孩子穿连体裤以遮挡住脐部，或将孩子的指甲剪短，以保证他们的小手指处于相对干净的状态，您不妨尝试一下。

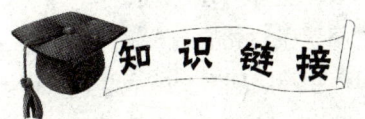
知识链接

1. 小婴儿脐疝是怎么回事

有些小宝宝，尤其是未足月的早产儿，脐带脱落后在肚脐处会有一个向外突出的圆形包块，这就是脐疝。脐疝小的如黄豆大小，大的可像核桃，当小儿平卧、安静时，包块消失，而在直立、哭闹、咳嗽、排便时包块又突出。用手指压迫突出部，包块很容易回复到腹腔内，有时还可以听到咕噜噜的声音，如果把手指伸入脐孔，可以很清楚地摸到脐疝的边缘。

（1）为什么会发生脐疝：婴儿脐带脱落后，脐孔两边的腹直肌尚未合拢，一旦腹腔内压力增高，腹膜便向外突出而造成疝。脐疝的内容物是婴儿肠管的一部分。

（2）如何才能帮助脐疝自然愈合：随着年龄的增长，疝环口也会逐渐缩小，一般在2岁以内即可自然闭合，因此只要没有腹痛、呕吐（肠子被环口夹住）或局部感染，一般不需特殊处理。

(3) 脐疝"长大"了应该怎么办：如果脐疝较大，为了加快其愈合，可取一条宽4～5厘米的松紧带，在其中心处用布固定半只乒乓球，球的凸面对准脐孔，使肠子不再突出，松紧带两头用可调节长短的扣子固定，压力应保持在既能保证肠子不再突出，又不影响呼吸和吃奶为准，使用后每2～3小时检查一次，以防止皮肤擦伤。

2. 关于肚脐的趣闻

(1) 抠肚脐眼会挖到肠子吗：肚脐眼虽然很薄，是离腹腔最近的地方，但它是盲端，可不是连着肠子的。一般情况下，肯定不可能用手指抠着抠着就抠到肚子里去了。

(2) 人出生后肚脐还有用吗：据了解，肚脐在医学上并没有什么"功能"，倒是近年来医生利用它的特点在进行微创手术。通过肚脐做腹腔镜手术，伤口愈合后就会缩到肚脐眼里，几乎看不到瘢痕。

(3) 抠肚脐会"灌风"吗：既然肚脐是条"死胡同"，自然也不可能让风通到肚子里。但由于抠肚脐具有引起脐部发炎的危险性，民间也就流传出了所谓"抠肚脐会灌风"这样一种说法，只是用以警示孩子别乱抠自己的肚脐而已。

第十二章
多动症——过于活泼也是病

一、什么是儿童多动症

儿童多动症在医学上被称为注意缺陷与多动障碍（ADHD），是儿童时期最常见的行为问题之一，多数在3岁左右发病。主要特征是明显的与年龄不相称的注意力不集中和注意力持续时间短暂，活动过度，情绪不稳，冲动任性，常伴有不同程度的学习困难，但智力正常或接近正常。学龄儿童中的患病率为3%～6%，男孩发病远多于女孩。

二、儿童多动症缘何而起

儿童多动症的发病原因至今尚不十分明确，目前普遍认为是生物、心理、社会环境等多种因素共同作用的结果。归纳起来主要有以下几点。

（一）轻微脑损伤

已经观察到，不少多动症儿童的脑电图检查显示为轻度异常，提示脑部损伤是多动障碍的病因之一。主要原因有：① 母亲孕期疾病，如高血压、肾炎、贫血、低热、先兆流产、感冒等。② 分娩过程异常，如早产、钳产、剖宫产、窒息、颅内出血等。③ 生后1～2年内，中枢神经系统有感染及外伤的患儿，发生多动症的机会增多。

（二）遗传因素

大约40%多动症的患儿，父母、同胞或其他亲属在童年期有多动症病史。国外学者研究发现，多动症儿童的父母中社会病态、癔症和酒精中毒者较正常儿童父母为多。单卵孪生儿中多动症的发病率较双卵孪生儿明显增高，多动症中同胞比同母异父或异母同父的兄弟姊妹患病率高，均提示遗传因素与多动症关系密切。

（三）神经代谢异常

有人认为，多动症的发生，可能是由于脑神经递质数量不足，信息不能及时传递而造成的一种病态。有研究发现，多动症的儿童存在脑内神经递质（如去甲肾上腺素、多巴胺）浓度降低现象，以致引起脑的抑制功能不足，使患儿对外来各种刺激不加选择地作出反应，影响注意力的集中，并导致过多的活动。

（四）不良家庭环境

家庭和社会不良因素的存在是诱发和促进多动症的关键。国内资料表明，在多动症患儿的不良家庭教育方式中，家长中所谓的"严格管教者"占61.7%，放任不管者占3.5%，过分溺爱者占7.05%。近年来，许多独生子女家长"望子成龙"心切，由于教育方法不当及早期智力开发过量，使外界环境的压力远远超过了孩子力所能及的程度，也是当前造成儿童多动症的原因之一。

（五）接触有害物质

孕母吸烟、酗酒、吸毒、早产等，都与ADHD患儿有一定的关系。儿童早期暴露于高污染的有毒环境，如铅中毒、食物中防腐剂的侵害等，也可导致患儿出现不安、注意力不集中的表现。

三、多动症有哪些危害

儿童多动症的核心表现为自控能力差,包括注意缺陷、多动和冲动三大特征,主要危害有以下几种:

(一)活动过多打扰他人

多动症儿童的多动并不主要在"多"字,关键是存在"质"的差异,表现的特点是在需要相对安静的环境中,出现与年龄发育不相称的活动过多,这是儿童多动症的核心症状之一。孩子上课时坐不住、小动作、自言自语,常影响他人学习。

(二)注意力不集中难以自控

正常儿童的神经系统到6岁时,自控能力发育可达到成人的70%~80%,具体表现为集中注意力可持续20~40分钟。多动症孩子的自控能力差,注意力一般仅能维持5~10分钟,甚至更短,常出现听课不专心、作业难完成等,但"被动"注意却亢进,以致很多家长反映,孩子学习不专心,可是玩游戏机或看有兴趣的电视却能目不转睛,高度集中。

(三)任性冲动不易相处

由于自控力差,患儿多冲动任性,不服管束,常惹是生非、好发脾气、冲动任性、做事不顾后果、随心所欲。这种喜怒无常、冲动任性,常使同学和伙伴害怕他、讨厌他、对他敬而远之。因为不易合群,久而久之也可造成其反抗心理,患儿常常发生自伤与伤人的行为。

(四)学习困难影响成绩

多动症儿童智能并不低下,但由于注意力不集中,约有60%可发生学习困难。主要原因是由于上课走神、无法专心听讲,对教师布置的作业未听清楚等,以致常常出现一些令人啼笑皆非的"低级错误"。初上小学时,由于学习的内容比较简单,在家长的督促下尚能考出比较好的成绩，而随着课程难度的增加，成绩便逐年下降，甚至发生明显的学习困难。

四、如何诊断多动症

由于多动症的原因是多种因素共同作用的结果，国内外的诊断标准亦不尽相同，所以需要有经验的专业医生来进行综合判断才能确定诊断，切忌家长或老师仅凭自己的经验或印象妄下结论，对孩子乃至整个家庭造成不必要的压力和负担。

当发现孩子有以下现象时，应当尽快去咨询专业医生。

1. 注意力不集中、上课不专心听讲、爱走神、精神涣散、东张西望。

2. 自控力差、缺乏时间观念和任务观念，做作业时拖拖拉拉、常常厌烦家庭作业、不愿意去完成，缺乏自制力、不能成为活动的领导者。

3. 上课不能克制自己、经常搞小动作，甚至在教室内外走动，上课时不能安静地坐在座位上，在公众场合随便奔跑，活动过多，老师和家长劝说无济于事。

4. 由于自控能力差，而影响注意力集中，导致记忆力低下，使其学习成绩下降，对学习亦缺乏兴趣。

5. 冲动、任性、遇事不思考，在有组织的场合不服管教、我行我素，经常打扰或干涉他人的休息或活动，想干什么就干什么。

五、警惕多动症的几个须知

（一）有多动症的孩子不一定都多动

多动症儿童必然会有多动的表现。那么，是不是所有的多动症儿童一定都多动呢？事实上，在多动症儿童中，有些并没有活动过多的表现，这种类型多见于女孩。近年的研究发现，女孩多动症的发病率远比人们想象得高。由于女孩多动症的突出表现是注意力不集中、学习困难、反应迟钝、做事拖拉，而多动的表现却并不明显，因此有人称之为所谓的"不多动多动症"，常容易被人忽视，应当引起家长注意。

（二）多动症是一种疾病并非只是孩子顽皮

随着人们对儿童多动症的深入研究，已发现多动症儿童有许多异常，如大脑解剖异常、代谢异常、执行功能异常和基因异常等，从而证实了多动症儿童的变化是有病理基础的。因此，家长要充分认识到多动症儿童是患有一种疾病，孩子多动并不是顽皮、有意要多动，而是一种无意的、自我难以控制的行为，是缺乏注意力、缺乏自我控制能力的结果，应当得到家庭和社会，尤其是学校的关心和帮助。

（三）多动症可伴有"共病"

多动症的表现主要是注意力不集中、多动和冲动等，但实际上单纯的多动症大约只有1/3，大部分的多动症都同时伴有其他疾病，医学上称之为共病，包括抽动、学习困难、对立违抗、品行障碍、焦虑、抑郁等。

（四）儿童好动并不等于患上多动症

不少家长见孩子好动、上课思想不集中或作业敷衍了事、成绩不佳，没采取任何措施确诊，就一味地认为孩子患了多动症，并开始到处求医服药，岂不知这是一种无知的行为。从生理发育的角度讲，儿童大脑的抑制能力不如成人，所以他们常表现出好动，甚至顽皮，而这些都是孩子的特性，也符合儿童生理和心理发展的特点。试想，如果年少的孩子整天孤僻、少动，像个"小大人",反而可能是不太正常的现象了。

所以说,孩子的好动与医学上所说的多动症是两种不同的概念,千万不要画等号,前者是指正常小儿的顽皮现象,多加诱导和培养即可,而后者则属于异常的行为问题,应及时接受专业的治疗。

六、怎样预防多动症

由于多动症的病因与轻微脑组织损伤、大脑神经递质代谢异常及环境、心理、社会等因素有关。以下措施将有助于儿童多动症的预防。

1. 注重婚前检查,避免近亲结婚,选择配偶要尽量注意有无癫痫病、精神分裂症等精神疾患;适龄结婚,勿早婚、早孕,也勿过于晚婚、晚孕,避免婴儿先天不足。

2. 准妈妈应注意陶冶性情、保持心情愉快、精神安宁、谨避寒暑、预防疾病、慎用药物。为了避免产伤,减少脑损伤的可能,应尽量自然顺产,因为临床中发现,多动症患儿中剖宫产者比例较高。

3. 创造温馨和谐的家庭生活环境,使孩子在轻松愉快的心情中度过童年,切勿盲目望子成龙,剥夺孩子欢乐的童年,造成不必要的精神创伤。

4. 注意合理营养,保证充足的睡眠,加强体育锻炼,尽量避免让孩子玩含铅的漆制玩具,不要让孩子长期食用方便面等富含添加剂的食品及饮料。

七、多动症该如何治疗

以往认为,多动症是一种儿童自限性疾病,随年龄增长,可自然消失。现经学者们长期追踪观察发现，仅有部分多动症患儿可自愈，而多数患儿的症状可延续至成年，同时治与不治，早治与晚治，在疗效和预后上有显著的差异。因此，目前一致的看法是：多动症应及早治疗，综合治疗。

在给予孩子系统治疗之前，家长和老师应就以下几点统一认识：

第一，儿童多动症是病态，不应歧视，不应打骂，以免加重孩子的精神创伤。

第二，儿童多动症必须进行药物治疗，但应正确理解药物的作用与不良反应，认识到药物治疗是实施教育的基础条件，但不能代替教育。

第三，儿童多动症的治疗必须取得患儿、家长、教师和医师四方面的互相配合，采用药物治疗、行为矫正和心理支持为一体的整体治疗方案。

（一）药物治疗

利他林（哌甲酯，Methylphenidate）属于中枢神经兴奋药，可以帮助儿童集中注意力，减轻其内心的躁动不安，从而达到改善行为的目的，间接地促进了儿童的心理发育。目前大多数专家认为，利他林（哌甲酯）治疗儿童多动症的疗效可达75%～80%。用药原则为：①药物一般用于6岁以上患儿，小于6岁的儿童不主张药物治疗。②从小剂量起，早餐后顿服。③剂量加大时应分早晚服用。④节假日停药。⑤疗程需因人而异。

利他林每片10毫克，每晨1片，餐后服用。药物有效剂量因人而异。如出现食欲减退、头昏、失眠等情况，家长不必惊慌，可稍减量，2～3周后，患儿即可适应，反应消失。为避免产生耐药性，在周末、节假日及不学习时，可以不服药，但需要时可在学习前半小时服用。利他林一次服药作用时间只能维持 4～6 小时，因此须长期服药才有效果，随意停药，症状又复出现。利他林唯一的缺点是，无法根除这种疾病，但随年龄增长，情况好转，药量可逐渐减少，直至停药。

需要特别提示的是，多动症的儿童是否选择药物治疗，或选择何种药物治疗应咨询专业医生，切忌听从他人推荐或误导，引起不必要的伤害，乃至丧失最佳治疗时机。同时，药物对患有多动症的孩子来说并不是万能的，学习成绩的提高并非药物本身的功劳，而是一系列综合治疗措施相配合的结果。

（二）行为矫正

行为矫正疗法也就是利用学习原理来纠正孩子的不适宜行为的一种方法。当孩子在学习中出现适宜行为时，就及时给予奖励，以鼓励他们继续改进，并求巩固；而当有些不适宜行为出现时，就要加以漠视或暂时剥夺他们的一些权利，这样就会促使这些行为逐渐消失。

随着行为矫正的应用范围日益扩大，其影响作用也越来越重要。但需要注意的是，由于行为矫正本身的特性，要求人们在使用时必须十分谨慎，否则，不仅达不到教育、训练的目的，而且会产生危害。

使用行为矫正时，应注意以下几点：

1. 防止滥用　行为矫正虽然应用面很广，成效比较显著，但绝不是万能的。

2. 避免误用　由于治疗者和训练者的无知或疏忽，出现行为矫正误用，不良行为不但没有得到矫正，反而导致了其他不良行为的产生，应该引起重视。

3. 注意不要伤害儿童的身心健康　在实施行为矫正治

疗时，不应只考虑治疗效果，而忽视了所采用的方法是否得当，是否会侵犯儿童的人权和身心健康。

4. 应遵循道德准则 实施行为矫正时必须征得被矫正儿童及其父母的同意，取得他们的配合；应多用奖励等正强化法，少用惩罚法。

5. 应有专业医师指导 要选择经过严格学习和训练，并取得资质的专家，这是保障行为矫正实施方案具有可行性和合理性的前提。

为了使多动症患儿得到更好、更系统的治疗，近年来在我国上海、北京、西安等一些大城市，相继成立了儿童多动症俱乐部，家长和患儿可在专业医生的指导下进行综合治疗，相互交流经验、相互鼓励，深受家长和患儿的欢迎。

（三）心理支持

在服药的同时，家长和老师要重视心理支持，不要责备、怪罪、歧视、打骂孩子，要耐心教育，帮助孩子度过"难关"。以下几点应加以注意：

1. 切合实际的要求孩子 首先，家长和老师应该了解多动症的特点，对于多动儿童的要求，切莫像对待正常孩子那样严格。只要求他们的多动行为能控制在一个不太过分的范围内就可以了，不应过于苛求。

2. 帮助释放过多的精力 家长和老师应组织活动力过多的儿童参加各种体育活动，如跑步、打球、爬山、跳远等，有条件时可安排他们做一些室内外活动，以帮助他们将过多的精力释放出来。但是，应注意安全，避免危险。

3. 强化培养集中注意力 对于这类儿童应逐步培养其静坐集中注意力的习惯。可以从看图书、听故事做起，逐渐延长其集中注意力的时间。如果有所进步,应及时表扬和鼓励,以利于不断的自我强化。

4. 养成有规律的生活习惯 对这类儿童应从小培养其有规律的生活习惯。要按时饮食起居,有充足的睡眠时间。不应迁就儿童的兴趣而让他们看电影、电视至深夜,以致影响睡眠。

5. 消除紧张鼓励自信 应耐心、反复地进行教育和帮助,培养他们的自尊心和自信心,消除紧张心理,帮助他们提高自控能力。有条件时,应争取医生、家长、教师三方面的合作,给予孩子正确的心理支持。

如果药物治疗和心理援助配合得当,部分患儿可在短期内即取得良好的效果,变得安静,注意力集中。

(四)感觉统合训练

感觉统合训练是近年来针对多动症儿童开展的一种专业训练方法。儿童大脑功能发育不协调造成大脑对身体感觉统合的障碍时,在医学和心理学上称为感觉统合失调或学习能力障碍。由于人体各部分器官都是通过与外界接触,向大脑传递感觉信息,这些信息经过大脑的有效组合,指挥人体完成各项活动。当这一系统由于发育或其他原因不能正常运转时,就会出现行为问题。

儿童感觉统合训练的具体方法是,首先由心理专家测查和诊断孩子的感觉统合失调程度和智力发展水平,然后制定训练课程,通过一些特殊研制的器具,以游戏的形式让孩子参与。训练一个周期是20次,一次约1小时,一星期不少于2次,重度失调的儿童训练次数应更多一些。训练内容包括感觉统合训练和特殊脑力训练两部分。一般经过1~3个月的训练,就可以取得明显的效果,表现为孩子的学习成绩、逻辑推理能力、理解能力、记忆能力、动作协调能力、人际关系、饮食和睡眠、情绪等方面均有令人满意的提高和改善。

总之，目前多数儿童心理学专家认为，在诸多治疗儿童多动症的方法中，以药物治疗和行为矫正的效果比较肯定，其他治疗方法的确切效果还有待进一步证实。

八、多动症儿童饮食的"多"与"少"

近年来的研究表明，大量进食含有氨基酸的食物，以及进食加入调味品、人工色素和受铅污染的食物，均可使具有多动症遗传素质的儿童发生多动症，或者使症状加重。相反，多动症的患儿只要限制这类食物，症状就可以明显减轻，因此应当加以关注。

（一）多食含锌丰富的食物

锌是人体内的微量元素，与人体的生长发育密切相关。锌缺乏常使儿童食欲减退，发育迟缓，智力减退。所以，常吃含锌丰富的食物，如蛋类、动物肝脏、豆类、花生等对提高智力有一定帮助。

（二）多食含铁丰富的食物

铁是造血的原料，缺铁会使大脑的功能紊乱，影响儿童的情绪，加重多动症儿童的症状。因此，多动症孩子应多食含铁丰富的食物，如动物肝脏、禽血、木耳等。

（三）多食果仁类食物

果仁类食物，特别是葵花子，含有一种能调节脑细胞代谢、改善抑制功能的物质，具有促进脑发育的作用。每天食用对改善多动症儿童的症状大有益处。但切记要安全食用，以免呛入气管，发生不必要的意外。

（四）少食含铅食物

铅可使孩子视觉运动、记忆感觉、形象思维、行为等发生改变，出现多动，所以多动症患儿应少食或禁食含铅的皮蛋、贝类等食品。

（五）少食含铝食物

铝是一种威胁人体健康的金属，食铝过多可致智力减退，记忆力下降，食欲减退，消化不良。由于制作油条需要在面粉中加入明矾，而明矾的化学成分为硫酸钾铝。因此，多动症患儿应少吃油条。

（六）少食含氨基酸过多的食物

氨基酸是人体发育和维持生理功能必不可缺的营养素，缺乏氨基酸可引起多种疾病，但过量摄取对健康也有害。据近年国外医学家对部分儿童进行饮食调查发现，氨基酸摄入量过大，尤其是酪氨酸、色氨酸的摄入量过大，与儿童患多动症有关，主要有酸奶、鸡肉、牛肉、香蕉和牛奶等儿童日常食物。

九、儿童多动症可持续到成年以后

多动症儿童长大以后会怎样呢？这是人们普遍关心的问题。20世纪70年代，很多医生认为多动症到了青春期症状就会缓解。而目前一般认为，虽然多动症常见于学龄期儿童，但如果不及时治疗，大约70%的患儿症状可持续到青春期，30%的患儿症状则持续到成年期。这些儿童在成长的过程中会遇到比其他孩子更多的困难，容易出现情绪障碍、逆反心理、抑郁、孤独等其他心理障碍。

也有不少学者对多动症儿童进行了长期观察，结果发现：①有半数以上儿童多动症的一些症状如注意力不集中、冲动任性等可以持续到成人。②青年时可表现为学业荒废、有攻击性、反社会行为、社会适应不良，以及缺乏自尊等。③成年时出现焦虑、自尊心差、人格障碍（特别是反社会人格）、人际关系紧张、缺乏成就感，甚至犯罪等。

这些攻击和反社会行为、严重多动和冲动、社会经济状况不良等因素是造成消极后果的根源。当然每个人的情况各不相同，也不用因此而恐惧。家长只要认识到多动症是一个慢性的行为问题，必须对多动症儿童进行长时间的观察，不要因为治疗时间长、显效慢而灰心丧气。

自测儿童多动症

一项儿童青少年心理健康促进合作项目的研究成果表明，儿童多动症主要有以下18种常见症状，可供家长自测时参考。

（1）学习、做事不注意细节，常出现粗心大意的错误。

（2）在学习、做事或玩的时候很难保持注意力集中（7～10岁注意力集中不足20分钟，10～12岁不足25分钟，12岁以上不足30分钟）。

（3）别人对他讲话时常常好像没在听或没听见。

（4）经常在一件事情还没做完就转去做另一件事，不能完全按要求做事。

（5）经常很难安排好日常学习和生活。

（6）经常不愿意或回避那些需要持续用脑的事情（如家庭作业、课堂作业等）。

（7）经常丢失一些常用的东西（如玩具、铅笔、书本或其他学习用具）。

(8) 经常容易因无关刺激而分心。

(9) 经常忘事（如上学校时丢三落四，忘记分配的任务）。

(10) 经常坐不住，在座位上小动作多或扭来扭去。

(11) 在教室或其他需要坐在位子上的地方经常离开座位（包括在家做作业等）。

(12) 在一些不该动的场合乱跑乱爬（青少年可能仅表现为主观上坐不住的感觉）。

(13) 很难安安静静地玩。

(14) 经常忙忙碌碌，精力充沛。

(15) 经常话多，说起来没完。

(16) 常在问题没说完时抢先回答。

(17) 很难按顺序等待（如排队、比赛或其他集体活动）。

(18) 经常打断别人或强使别人接受他（如插入别人的谈话或游戏）。

参与测评的专家指出，1～9条属于注意缺陷的范畴，如果孩子满足注意缺陷症状中的6条或以上，则属于儿童多动症、注意缺陷型；10～18条属于多动冲动，如果孩子满足多动冲动症状中的6条或以上，则属于儿童多动症、多动冲动型；如果同时满足上面两种情况，则属于儿童多动症、混合型。

 警言警语

未经治疗的多动症患儿，长大后约有30%不能自愈。然而，不管是未能自愈的，还是已经自愈的，由于他们幼年时丧失了好好学习和建立健全人格的机会，长大后往往脾性顽劣、人格不健全、社会交往能力极度欠缺、信用意识差，而且容易冲动、犯罪几率高于正常人群。

第一部分　儿童不良躯体行为与健康

第十三章
夹腿综合征——
婴幼儿期的性本能活动

国内教科书多将夹腿综合征归属于儿童手淫和其他性行为的范畴之内，常被家长误认为是一种外阴的炎症。其实不然，这些症状的出现正说明了从婴儿期起就有生殖器性本能活动的存在。对此，奥地利著名精神分析学家弗洛伊德曾有过这样的描述，"这种自慰行为通常发生在哺乳期幼儿，且为时甚短，以后在4岁左右再度出现，仅在某种特殊情况下才会持续下去"。

一、什么是夹腿综合征

夹腿综合征又名"情感交叉擦腿综合征"、"情感性擦腿发作"或"习惯性阴部摩擦"等，国外称为 Masturbation。系指一组婴幼儿时期出现的、以夹腿为主要特征，并不断摩擦会阴部取得快感的习惯性不良行为。发病时间一般为 1～5 岁，以 1～3 岁的幼女最为多见，女孩多于男孩。一般几天发作 1 次，严重者 1 天可发作数次，病程数月至 1 年以上，病因尚不完全清楚。

二、夹腿综合征形成的原因

夹腿综合征确切原因尚不完全清楚。目前多数人认为，夹腿综合征形成的可能机制是，由于生殖器官的敏感部位受到刺激引起了一定的性本能活动，并得到了相应的性快感。同时，由于某些因素的影响，如躯体疾病、不良养育方式、心理因素，以及神经内分泌失调等使这种行为固定下来。

（一）外阴局部刺激

由于局部刺激，如湿疹、包茎、蛲虫病、内裤太紧等局部的物理刺激，或由于外阴、阴道的炎症刺激，均可造成孩子会阴部的瘙痒感从而产生摩擦，摩擦使外生殖器官敏感部位受到刺激引起性本能活动，小儿从中体验到一种快感，使之重复发生，从而形成夹腿习惯。

（二）心理因素

有的儿童因家庭气氛紧张、缺乏母爱或遭受歧视等，感情上得不到满足，又无玩具可玩，通过自身刺激来寻求宣泄，从而产生夹腿动作。

（三）神经内分泌失调

据有关研究表明，夹腿综合征的病因可能与小儿体内尿氨酸增加，贮存铁减少，儿茶酚胺代谢紊乱及脑内多巴胺系统功能亢进有关。也有人发现，夹腿综合征与小儿体内雌激素水平的失衡有关。但这些论点目前只是一些学术上的研究和探讨，还没有确切的定论。

（四）其他原因

在大孩子中，黄色录像、黄色书刊的影响，也是导致"夹腿"不良行为的重要原因，家长应当给予特别的关注和引导。

三、夹腿综合征主要有哪些表现

1. 婴幼儿发病较多，1～3岁为高发期。

2. 发作时神志清醒，双下肢伸直交叉或夹紧，手握拳或抓住东西，女孩还喜欢坐硬物，手按腿或按下肢部，也有腿之间夹物，男孩多表现为伏卧在床上来回蹭。

3. 男孩发作时阴茎有勃起，尿道腔水肿，女孩阴道内分泌物增多，伴面色发红、出汗、呼吸粗大、会阴肌肉收缩。

4. 每次持续数分钟或更长时间，严重者持续不断，若中途阻止其动作患儿往往哭闹不安，还要恢复原来的状态。

四、夹腿综合征有哪些危害

一般认为，可能对孩子产生的危害主要有以下3种：

1. "夹腿"行为持续下去，会影响孩子的心理行为发育。孩子一个人陶醉于这种"不良"行为时，无形中会减少与其他小朋友互动的机会，有可能影响孩子的性格成长。

2. 过早出现性冲动的体验，对幼儿来说，并不是一件好事，会影响其正常的生长发育。

3. 频繁的交叉擦腿会对孩子的会阴部造成损伤，有些孩子是坐在凳子上擦腿，还有一些孩子会在其他物体上摩擦会阴。

特别值得注意的是，由于迄今仍有许多医生对本症不够了解，家长一旦发现孩子有夹腿综合征迹象时，应及早向儿童心理专家咨询以取得帮助，减轻对孩子的伤害。

五、夹腿综合征的诊断标准

目前，多数人认为应当具有以下6条：

1. 发生于婴幼儿时期。
2. 以夹腿或交叉擦腿摩擦会阴部取得快感。
3. 行为呈习惯性，持续一个月以上。

4. 发作期间无意识障碍。
5. 排除癫痫大发作。
6. 脑电图正常。

六、夹腿综合征的矫正方法

（一）切忌惩罚和责骂孩子

小儿出现夹腿综合征的迹象以后，有的父母会惊慌失措，有些家长则常用恐吓和处罚的办法加以阻止，结果适得其反，造成孩子焦虑和惊恐不安，导致怯懦、敏感、自卑或孤僻等性格，反而使"夹腿"的发作次数更加频繁。

（二）转移注意力

当发现孩子"夹腿"将要发作或正在发作时，家长最好不要点破，可装作若无其事的样子，而想办法转移孩子的注意力，比如给他新颖的玩具让他玩、给他讲有趣的故事或者和他一起做游戏等等，这样使孩子没有机会去"夹腿"，在紧张而有趣的活动中，逐渐改正这一不良习惯。

（三）及时治疗原发病

应认真检查孩子外阴局部是否有不良刺激因素的存在，例如，考虑孩子是否有蛲虫，可在夜间孩子睡熟后，用手电筒照肛门周围，如发现小白线样蛲虫时，即为蛲虫病；如果发现孩子外阴处发红或包茎内发红，那可能是有炎症了，应当及时去医院就诊。

（四）养成良好的作息习惯

由于"夹腿"常在睡前和醒后发生，因此，不要让孩子过早睡觉，待孩子疲倦了、有睡意时，再让他上床睡觉。孩子睡醒后，要让他立即起床，以减少"夹腿"发作的机会

第一部分　儿童不良躯体行为与健康

（五）营造温馨的家庭环境

父母要多和孩子进行感情交流，为孩子提供轻松、愉快、有教养的家庭环境，让孩子感到温暖。只要孩子情感需要得到满足，就会减轻内心的紧张与孤独，那么用"夹腿"去满足情感需要的自体刺激行为就会逐渐减少，直至消失。

（六）药物治疗

对于一些"夹腿"行为较为顽固的孩子，如果生活行为调整都不见效果的话，就需要用药物进行治疗。通常都会采用小剂量的精神调节剂，但这需要由专业医生来决定。

1. 夹腿仅是普通行为

（1）夹腿综合征是一种能够完全治愈的病症，对儿童的体格发育无任何影响。甚至有人认为，此种动作与吸吮手指相似，仅仅是小儿自我安慰的一种表示。

（2）夹腿综合征只是婴幼儿生长发育阶段的一种不良行为，与社会道德无关，因此家长不必过于焦虑紧张。

（3）夹腿综合征常易与癫痫，如失神小发作相混淆，应加以鉴别。失神小发作年龄多在4岁以上，主要表现为突然停止正在进行的活动，双目发直伴突发的短暂意识丧失，持续数秒钟，很少超过30秒钟，可每天发作多次，不影响智力。

2. 性心理发育的阶段划分

西格蒙德·弗洛伊德（Sigmund Freud, 1856.5.6 – 1939.9.23），犹太人，奥地利精神病医生及精神分析学家，精神分析学派的创始人。

弗洛伊德认为，随着年龄的增长，幼儿性欲敏感的区域或处于显著地位的动欲区会发生转移，不同年龄阶段的婴幼儿都有其不同的主要动欲区。人的性心理发展即人格发展有5个不同的阶段：

口腔期（0～1岁），快感主要来自于口腔。

肛门期（1～3岁），快感来自于对粪便的排泄或保持。

性蕾期（3～6岁），儿童不仅对自己的性器官发生兴趣，有手淫行为，而且他们的行为开始有了性别之分。

潜伏期（6～12岁）关注于学习，探索世界，性兴趣被其他兴趣取代。

生殖期（12岁以后）重视生殖功能，重新体验性器官的快感。

夹腿综合征因具有发作性并伴有面色发红、出汗、呼吸急促等自主神经兴奋等症状，容易被误诊为癫痫。两者的区别要点是，前者发作时不伴有意识障碍，而后者伴有意识障碍。

第一部分　儿童不良躯体行为与健康

第十四章
遗尿——睡在"泽国"里的孩子

长久以来，遗尿一直是人们经常涉及但却未曾深入研究的一个领域。尽管遗尿被认为是既不会导致死亡，也不会损害健康，并且可自愈的"小毛病"。但国外大量的研究已经证实，假如遗尿症长期得不到治疗，将会对儿童的心理发育和人格健康造成影响，给孩子的身心带来伤害。因此，"小毛病"也可能酿成"大疾患"。

一、什么是遗尿

遗尿（Enuresis），俗称"尿床"，是指 5 岁或 5 岁以上的儿童于睡眠时不自觉的排尿现象。世界卫生组织（WHO）制定的标准（ICD-10）为"5 岁或 5 岁以上小儿，每周至少有 1 夜尿床，持续至少 3 个月"。而美国精神心理学会《诊断与统计手册》的标准（DSM-Ⅳ）则以"5 岁或 5 岁以上小儿，每周至少有 2 夜尿床，并持续至少 3 个月"为标准。目前我国多采用后一种标准。

二、遗尿有哪些类型

小儿遗尿一般分为原发性遗尿和继发性遗尿两种类型，其中 90% 以上属于原发性遗尿，继发性遗尿仅不到 10%。

原发性遗尿是指出生后一直尿床，绝大多数小儿出现遗尿的原因与躯体的某种疾病无关，而是由于心理、精神或其他各种外在因素所致。继发性遗尿指小儿在5岁以内，曾经3~6个月以上夜间不遗尿，而后又出现了遗尿。继发性遗尿往往存在器质性的原发病因，如泌尿系感染、某些肾脏疾患、尿道口炎症、脊柱裂、脑脊膜膨出、癫痫、大脑发育不全和糖尿病、尿崩症等全身性疾病有关，一般解除原发病因后遗尿即可消失。

除特殊说明外，本节所讨论的均为原发性遗尿。

三、遗尿人群知多少

遗尿的发生率各家报道差异较大，往往在不同的国家和地区，以及不同年龄组的小儿，其遗尿发生率也不相同。这些差异的形成与遗传因素、如厕训练的方法及诊断标准不一致等多个因素有关。

一般来讲，儿童遗尿的发生率随着年龄的增加而降低。据统计，5岁时发病率为15%~20%，7岁时发病率为10%，虽然每年以15%的比例自然消退，但仍有1%~2%的患儿症状持续到成人，并且遗尿的严重程度随年龄的增加而加重。此外，遗尿的发生还有性别差异，男孩比较常见，大约是女孩的3倍。

四、遗尿形成的原因

尽管小儿遗尿的确切原因目前尚不完全清楚，但遗尿是由多种因素共同作用所致的观点已成为研究者们的共识。一般认为与下列因素密切相关。

（一）遗传因素

很久以前人们就已经注意到，遗尿与遗传有关。人们发现，孩子夜间遗尿与父母的关系非常密切。如果父母双方小时候都有尿床史，其子女有70%可能会出现遗尿；而父母中仅一方有尿床史的，其子女发生遗尿的可能性约为40%；父母双方都无尿床史的，只有15%的子女会发生夜间遗尿。值得一提的是，单卵双生儿如一方有遗尿，另一方同时出现遗尿的可能性高达68%。

（二）睡眠过深

这是一个较被公认的原因。这类小儿常常在睡前玩得较疲乏，睡得很深，不易唤醒，因而多在梦境中尿床。其原因主要是由于小儿睡眠过深，不能接受来自膀胱的尿意觉醒而发生反射性排尿，故而出现遗尿在床。假如睡前饮水较多，则更易发生尿床。

（三）不良排尿习惯

有些患儿使用尿布时间过长，以致未能养成自己控制排尿的习惯。有的母亲训练方法不妥当，夜间把幼儿唤醒后，让他坐在便盆上边玩边排尿，最后也没有确认是否已经排尿，就把孩子抱上床。这样，幼儿不可能把排尿与坐便盆联系在一起，排尿的条件反射也就无法建立起来。

（四）膀胱功能失常

有些小儿的膀胱容量较正常孩子小，这些孩子平时排尿次数相对较多，但每次的尿量不多。进一步的研究发现，这类小儿白天排尿功能和膀胱容量正常仅于夜间入睡后有明显的排尿肌功能不稳定和功能性膀胱容量减少，因而导致睡眠中的小儿仅有少量尿液时即产生排尿动作。这是由于大脑的指挥系统对睡眠中小儿的排尿肌支配失去了正常控制所致。

(五）精神过度紧张

据统计，家庭不和、父母离异、失去双亲、惨遭虐待、升学考试前等一些特殊事件发生时，孩子发生尿床的机会则明显增多。但这种遗尿常常是暂时的，随着时间的推移，以及精神情绪的稳定，遗尿会逐渐消失。

（六）疾病的因素

尽管有些疾病，如蛲虫症、泌尿系感染、某些肾脏疾患、尿道口炎症、脊柱裂、脑脊膜膨出、癫痫、大脑发育不全等，可以引起小儿夜间遗尿，但所占的比例很小。另外，有些无明显不适表现的疾病，如无症状性细菌尿和高钙尿也会引起小儿遗尿，应当引起家长、医生和护理人员的注意。

五、如何判断小孩是否有遗尿症

多数人认为，符合以下条件者即为遗尿：

1. 5岁或5岁以上的儿童每月至少有遗尿2次、持续至少3个月。
2. 小儿日间能控制排尿，而入睡后不能自己控制排尿。
3. 不伴有任何器质性疾病。

六、遗尿有哪些危害

（一）形成自卑心理

儿童5岁以后仍持续尿床，可使逐渐懂事的孩子感到尿床难堪、尿味难闻，易形成羞愧、胆怯及自卑心理，恐惧集体生活。同时，由于孩子天天晚上害怕尿床而不敢睡觉，久而久之思想压力过大，大脑视丘下部感情中枢受到抑制，进而影响脑垂体功能，分泌抗利尿激素减少，使尿量增多、尿床症状加重，影响孩子人格的健康发展。

（二）影响体格发育

尿床孩子常睡眠昏沉，难以叫醒，夜间即使被叫醒，也多是迷迷糊糊，严重影响体格发育，常会出现身材矮小、偏瘦或虚胖等不正常的体型。遗尿持续到青春期时，可影响孩子的第二性征发育，例如，男孩阴茎或睾丸发育不良，女孩子宫或卵巢发育不良等。这类孩子在成年后极易患不孕不育症。

（三）影响智力

遗尿长期存在还会影响大脑发育，多表现在记忆力差、注意力不集中、大脑神经发育与精细动作不协调，以及学习成绩下降等，成年后除影响身体健康外，最主要是妨碍孩子健康心理性格的形成。根据世界卫生组织跟踪调查的资料显示，尿床的孩子智商比正常的孩子低20%～26%，且尿床持续的时间越长，情况就越严重。

七、遗尿的治疗方法

尽管现有的治疗方法种类繁多，但鉴于小儿遗尿发病的原因还不十分清楚，所以尚没有一种单一的治疗方法能够奏效，需要多方面的综合治疗。在此要特别强调的是，只要不是疾病因素引起的尿床，父母就不必过于担忧，要耐心地帮助孩子进行矫正，这对孩子树立信心、克服心理障碍配合治疗非常重要。

（一）生活习惯指导

晚饭或睡前3小时尽量让孩子少喝水及饮料（热天除外），不吃西瓜、橘子等水果，以减少其夜间膀胱的贮尿量。叮嘱孩子睡前排尿，使其建立规律的生活、饮食习惯。避免孩子过度劳累或兴奋，睡前不要进行剧烈的活动或玩电脑等。

（二）膀胱功能锻炼

让孩子白天多饮水，尽量延长两次排尿的间隔时间，促使尿量增多，使膀胱容量逐渐增大。鼓励孩子在排尿中间，中断排尿，数 1～10，然后再把尿排尽，以提高膀胱的排尿能力。

（三）条件反射训练

首先要掌握患儿遗尿的规律，家长每天在患儿夜晚经常尿床的时间，提前 0.5～1 小时用闹钟将患儿唤醒，起床排尿，使唤醒患儿的铃声与膀胱充盈的刺激同时呈现，经过一段时间的训练后，条件反射建立，患儿就能够被膀胱充盈的刺激唤醒而达到自行控制排尿的目的。此外，要鼓励患儿自己去厕所小便，目的在于使患儿在比较清醒的情况下排尿。

（四）奖励强化体系

由于奖赏在条件反射的建立中是一种正性强化的过程，因此在任何一种治疗过程中引入奖励强化体系，都能够推动孩子在治疗中的参与及合作的积极性，并能最大限度地巩固其习得的技能。因此，当孩子良好的反应持续一段时间（如2周）后，家长应当给予较大的物质奖励。

（五）给予心理疏导

告诉患儿尿床不是他们的错，而是一种如同感冒一样可以治愈的疾病，年龄大自然就不会尿床了，从而消除其紧张、焦虑及恐惧的心理。世界著名影星索菲亚·罗兰曾经说过："我们不能忽视一个年幼孩子对母亲深切的需要。"不论是面对成功还是失败，孩子都需要来自父母亲的支持和鼓励，那是他们信心和勇气的来源，也是治疗成功的先决条件。同时向家长宣教遗尿症的知识，有些患儿的父母往往不认为遗尿症是一种疾病，总认为是孩子的懒惰和反叛或故意捣蛋行为。

（六）采用药物治疗

用药物治疗遗尿复发，可起到巩固疗效的作用。但目前在我国，家长的依从性往往不高，能坚持治疗者甚少。假如孩子遗尿严重，确实需要服用药物进行治疗，那也应当去专业医院，在医生的指导下应用，切忌有病乱投医的做法，以免对孩子造成不必要的伤害。

有些医生采用中医方剂或针灸对遗尿进行治疗，也取得了一定的效果，年长的孩子不妨尝试一下。

八、避免治疗的误区

1. 切勿将尿路病变、蛲虫病、脊柱裂等器质性病变所引起的遗尿当做功能性疾病进行治疗，以免贻误病情。

2. 警惕那些具有特殊提示意义的病症，如孩子不但尿床，而且每天的尿量过多，伴随有过度口渴的症状，就必须考虑是否有尿崩症或糖尿病等疾病；如果白天也会尿频、尿痛、尿急，很可能是患上了泌尿道感染。

3. 切勿严厉责骂孩子，这只会加重他的精神负担，产生恶性循环，增加遗尿的顽固性。

4. 由于药物有不同程度的不良反应，所以应在医生的指导下应用。

知识链接

几则食疗治疗尿床的小偏方

（1）用山芋做果冻可暖身：山芋对体质虚弱造成的夜间尿床极有效果。可把山芋加入汤、粥中，或与鱼酱混合，炸后给孩子吃，或者用山芋做果冻，里面再加些银杏也可以。

（2）炒银杏是夜尿症的特效药：炒过的银杏可以抑制排尿，是古来治疗夜尿症的特效药。但是，银杏如果生吃或吃太多会引起痉挛等中毒现象。所以，一定要在炒锅中炒熟食用，每天不能超过5粒。

（3）核桃汤可以提高肾脏功能：核桃可以提高肾脏的功能，改善泌尿系统的症状。经常给尿床的孩子饮用核桃汤会有出人意料的效果。每晚睡前可让孩子饮用，但容易上火，常流鼻血的小孩则不宜饮用。用研磨钵或果汁机将30克的核桃碾碎，加入热水，再加入一小匙的粗糖，搅拌均匀即可。

（4）柿子的种子炒黑是古来的妙方：柿子的蒂及种子古来就是民间利用来治疗夜尿症的良药。将柿子的蒂15克加400毫升水煎至水剩一半，或将柿子的种子放在炒锅中炒黑，磨成粉状，做成汤汁一杯亦可。两者都是每日分3次让孩子在空腹时饮用。

（5）白萝卜的叶子煎汁可以增强体力：白萝卜整棵叶子常被用来治疗夜尿症。在春夏交替之间可以采下它的叶子切碎，阴干后贮存起来。每天的量在3～10克，用180～270毫升的水煎至剩一半，每天饭前让孩子饮用。经常饮用有增强体力之功效。

 警言警语

尽管遗尿被认为是可自愈的"小毛病"，但由于它对儿童生活质量造成一定的影响，而且可能影响孩子的心理健康，可能影响终生，所以要引起家长的重视。

第十五章
拔毛癖——痛并"快乐"着

儿童拔毛癖由法国皮肤科医生 Hallopeau 于 1889 年首次报道。表现为患儿出现明知不对，但却无法克制地拔除自己毛发的行为。有些孩子在拔毛发前有精神紧张感，实施拔除自己毛发的行动后感到十分的轻松和满足。这些孩子之所以自己拔掉头发，是因为能从每次拔除毛发的疼痛中能得到特殊的"快感"。但对于家长来讲，却从每次亲眼看见孩子拔除头发的疼痛过程中，体验出了"痛彻心扉"的含义。

一、什么是拔毛癖

拔毛癖（trichotillomania）是儿童常见的一种不良行为习惯。世界卫生组织（WHO）制定的国际疾病分类将儿童拔毛癖归为精神与行为障碍章节中的习惯与冲动控制障碍。拔毛癖主要表现为反复地、不能克制地拔除自己毛发的行为。多见于学龄期儿童，男女孩均可发病，但以女孩多见。拔毛癖可能是一个单独的症状，也可与其他神经精神疾病并发。

二、拔毛癖人群知多少

1. 拔毛癖可遍及各年龄层。
2. 幼儿至少年期均有发病，可长期持续至成年。

3. 症状开始发生的平均年龄在 9～13 岁。年龄越小,男女患病率分布越相近,但少年期后患病率的性别差异显著,女孩是男孩的 5～10 倍。

4. 儿童患病率明显高于成人,是成人的 7 倍。

5. 近年在全球人口中,拔毛癖患者比例的估计值已经从 1%～3% 上升到 5%。

6. 由于拔毛癖患者秘密拔毛的特点和医生认识的不足,上述的患病率仍有可能被低估。

三、拔毛癖形成的原因

拔毛癖的病因目前还不十分清楚,可能是多种因素共同作用的结果。一般认为主要与以下几种有关。

(一)心理因素

一般拔毛癖患者发病前多有导致情绪不稳的诱因。拔毛癖患儿在发病后每当出现焦虑、紧张情绪时,拔毛发行为的出现频率和严重程度也增加。因此,假如引起该病的心理因素持续存在,病情自然会拖长,也会逐渐加重。

(二)家庭环境

100% 的年幼儿童在出现拔毛癖之前,都会有一些家庭应激因素,如父母分居、无家可归、失业或有精神疾病;或因学习压力过大、受到老师批评、遭到父母打骂;或父母性格不稳、管教过分严厉、缺少亲情爱护等。

(三)遗传因素

现在有证据指出易患拔毛癖的倾向与基因有关。在一项研究中,将被怀疑会引起拔毛癖的基因注射到实验用小鼠体内后,小鼠就开始作出拔除自己和笼内其他小鼠毛发的强迫行为。这显示拔毛癖可能是基因造成的,并且会代代相传。但这些只是初步的实验研究,还没有确切的结论。

(四)疾病因素

拔毛癖可能是一个单独的症状,也并发于某些神经精神疾病,如抽动秽语综合征、寄生虫妄想或多动症等。

四、拔毛癖有哪些危害

1. 虽然拔毛癖患儿可拔取身体任何部位的毛发,但最常见的拔毛部位还是头发。此外,拔眉毛、睫毛、腋毛以至阴毛等也时常可以见到。更有甚者,极少数小儿竟习惯于拔扯绒毛玩具或宠物的毛发,让家长很是头疼。

2. 同一患者的拔毛部位较固定,但不同患者拔毛部位各异。最常见的是手比较容易触及到的前额和太阳穴处,其次为后脑勺和头顶部,多为单部位。受累部位可见明显的毛发减少,常有残存毛发及断发、毛囊损害、头皮灼痛、新生毛发的结构和形状改变等。拔除后再生之毛发由于反复被拔除,头皮部常有大片脱发、形如斑秃。

3. 拔毛的方法各式各样,有的用手指拔,有的用镊子拔,也有的用毛刷或马尾梳拔。拔毛行为一般在夜间进行,常发生在卧床休息、阅读、看电视或做作业时。有的孩子一次的拔毛行为可持续数小时,严重影响了儿童的正常行为健康。

4. 有的拔毛癖患儿将拔下的毛发放在嘴里嚼,并吞咽到肚里。由于经常地咀嚼毛发,可使牙齿的表面受到损伤或引起牙龈炎。值得注意的是,患儿吞吃了被拔下的毛发后,可出现恶心、呕吐、厌食、便秘、胃肠胀气、腹痛和口臭等消化道症状或贫血等并发症。一旦毛发在肠道缠绕后形成粪石,则可造成肠出血、肠梗阻、肠穿孔等急腹症并发症，甚至危及孩子的生命。

5. 患有拔毛癖的孩子常伴有其他心理问题，如抑郁、焦虑、强迫症等。另外，拔毛发作为一个行为方面的精神症状，也常见于精神发育迟滞、孤独症，以及精神分裂症等智力障碍的儿童。

五、拔毛癖的诊断标准

1. 不能克制的反复拔掉毛发的冲动行为，导致引人注目的毛发缺失。
2. 拔毛前常有不断增加的紧张感。
3. 拔毛后有轻松感或满足感。
4. 与原有皮肤炎症无关。
5. 非幻想、妄想等精神症状所致。

六、警惕拔毛癖的共患疾病

医学上共患病的概念主要用于研究精神病学领域的"一人多病"现象。有拔毛癖的儿童时常伴发有一些神经精神问题，主要有以下几种：

1. 抑郁症，伴发率为39%～65%。
2. 人格障碍，伴发率约为55%。
3. 焦虑障碍，伴发率约为50%。
4. 广泛性焦虑症，伴发率为27%～32%。
5. 强迫症，伴发率为13%～27%。
6. 惊恐障碍，伴发率约为18%。
7. 慢性儿科问题，伴发率约为20%。

由于这些共患病所涉及的医学知识比较复杂，因此家长一旦怀疑孩子伴有一些神经精神问题时，应当尽快到专业的医院进行诊断。

七、拔毛癖怎么治疗

关于本病的治疗，迄今尚无特殊疗法。一般认为，拔毛癖随患儿年龄的增长可以自愈。目前主要采取心理、行为及药物等综合的治疗方法。

（一）认知治疗

在拔毛癖的诊疗过程中，让患儿认识到自己过分紧张不安的情绪及拔毛发行为都是病态的，通过治疗是完全可以恢复的。这对拔毛癖的治疗效果起很重要的作用。

（二）心理治疗

凡有心理原因的患儿，应尽可能地去除病因，解除紧张的情绪。应告知拔毛行为的危害性，给予心理疏导，指导患儿建立信心，克服拔毛发的心理冲动。

（三）行为治疗

告诉孩子，当拔毛冲动引起很强烈焦虑烦躁情绪时，可采用深呼吸、放松全身肌肉、改变体态等行为疗法。

（四）家庭治疗

改变不良的家庭环境。要使家长知道孩子拔毛发的行为是一种病态，治疗需要医生、患儿和家长的共同合作才能有效。因为有些患儿担心父母责骂，会隐瞒或否认其拔毛行为，从而干扰了正确的诊断和治疗。

（五）药物治疗

以抗抑郁药为主。目前用于儿童者多是三环类抗抑郁药，如丙咪嗪、多虑平（多塞平）、阿咪替林、氯丙咪嗪，但必须在医师严密指导下应用。此外，还可给予口服营养毛发药和局部外用生发液以促进毛发生长。

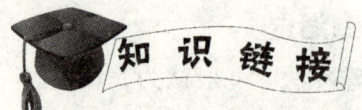

注意排除相关疾病

根据以拔毛发为其主要症状，本病诊断不难，但需注意排除某些精神疾病，如儿童精神分裂症、精神发育迟滞、儿童忧郁症，以及一些躯体疾病，如甲状腺功能低下、缺钙、斑秃等。如发现小儿患有以上疾病时，应以治疗原发病为主，以免贻误病情。

第二部分
儿童不良日常行为与健康

儿童有许多不良生活习惯,主要表现在长期看电视、不吃早餐、偏好肉食、好上网、缺乏锻炼、好吃油炸食品等方面。有20%的儿童早上不吃早饭,而且比例随着年龄的增长而增加;有3%的7～15岁儿童上网成瘾;高达60%以上的儿童体育锻炼不足。不良生活习惯对儿童健康成长影响非常严重。专家提醒家长警惕儿童患上"成人病",应帮助孩子纠正不良生活习惯、合理饮食、积极运动,保证他们健康成长。

有规律地进行体育运动,给各年龄段的人带来的好处越来越明显。专家疾呼,鼓励孩子养成经常运动的习惯已经成为当务之急,家长们要带头参加体育锻炼,在孩子们进行体育活动时,表现出兴趣并花时间和他们在一起,为孩子树立榜样,采取有效的激励措施,鼓励孩子们走出房间,离开电脑、电视机,走到户外坚持运动,保持健康。同时,建议家长,鼓励儿童尽可能吃得清淡一些,要让他们少吃快餐,少吃薯条、油炸动物肉等高盐、高热能量食品,多选择蔬菜、维生素丰富的食物品种。

第一章
饮食方式跑偏,后果很严重

孩子的身体正处于快速成长时期,每个器官在发育时都需要大量的营养物质。现在的家长最怕的是孩子营养不良,总以为孩子吃得多,才能长得壮。如果营养结构不合理,进食方式不科学,鸡鱼肉蛋盲目地进补,尤其是喜欢吃洋快餐、喝甜饮料的孩子,摄入高热能、高盐分、高糖分,那么一些器官就有可能发育不完全,使孩子的身体出现疲倦、无力、抵抗力下降等症状,从而增加发病率,严重者可能影响儿童一生的幸福。

一、饮食结构跑偏,孩子频频中招

合理的饮食结构可用一个金字塔来描绘,塔分四层,塔尖:尽量少吃高脂肪、高糖分的食物。第二层:适量进食鱼类、蛋类、家禽、全瘦肉类、豆类、乳类;第三层:多吃水果蔬菜;塔底:尽量多吃谷麦类。

(一)西式快餐比重过大

1. 为什么孩子们都喜欢吃西式快餐

(1)就餐方式以儿童为中心:首先,进入西式快餐厅,家长一般让孩子点自己喜欢吃的食品,然后他便开始指挥店员组合他的三明治,要什么样的面包,要什么样的馅料,要什么样的蔬菜，要什么样的酱，要不要加热等等。然后拿着饮料杯接饮料，再回到小桌子开吃，俨然一副"我的地盘我做主"的状态。而吃中餐时，点餐全是大人给代劳了，虽然会考虑孩子可能爱吃什么才点什么，会让孩子觉得吃中餐不是自己的事，吃饭的积极性自然就不会高了。另外，西式快餐厅一般都配套建有儿童乐园，可以让孩子在吃饭时还可以疯一把。

（2）口味适合儿童：西式快餐虽然没有中餐那么多花样和品种，但是流行中式化，口味极适合儿童食用。西式快餐以冷、油、甜、鲜为主要特点，冷饮以可乐为主，辅以冰块，可乐为碳酸饮料，可给饮者带来凉爽的口感和刺激的享受。大量的油炸食品，如炸鸡块和薯条，增加了酥脆程度和香喷喷的感觉。甜食以鸡米花为代表，不仅口感好，包装也很华丽，对于孩子有种挡不住的诱惑。西式快餐也加以各种调味作料，刺激进食者胃口大开。

2. 面对危害，你能否淡定

（1）西式快餐可"催肥"：其最大特点是肉量多，蔬菜少。营养学要求，食物热能理想的构成比应当是碳水化合物60%，脂肪25%，蛋白质12%～15%。另外，还要求低钠（每人每天6～8克食盐）、低糖和高膳食纤维（每人每天20～30克）。按此标准衡量，一顿西式快餐能提供每个人约一天需要的热能和脂肪。西式快餐具有三高的特点：高热能、高脂肪、高蛋白质；三低：低矿物质、低维生素、低膳食纤维。如果一日三餐都让孩子吃快餐，粗略估算一下，总热能摄入可达3 005千卡，远高于中年男性2 700千卡和中年女性2 000千卡的每日热能需要值。营养学有个术语叫"脂肪热比"，正常标准为20%～30%，脂肪热比过高或过低对健康都不利。而西式快餐的脂肪热比相当高，如三明治为52%、奶油为90%、冰淇淋为52.9%。其脂肪提供的热能达 1 440 千卡，占总热能的 48%，大大超过 30% 的标准。此外，西式快餐中含盐量较高，高钠会诱发高血压。正是由于快餐食品营养严重失衡，所以国际营养学界称西式快餐为"垃圾食品"，是"能量炸弹"，经常摄入这些食品会诱发肥胖。

（2）西式快餐可致癌：瑞典食品安全机构研究发现，汉堡包、炸薯条、炸薯片、薄脆饼、烤猪肉、水果甜品上的棕色脆皮，以及油煎油炸等食品中含有大量的丙烯酰胺。丙烯酰胺可以导致基因突变，损害中枢和周围神经系统，诱发良性或恶性肿瘤。据统计，与食品有关的癌症中，30%～40% 都与丙烯酰胺有关。专家认为，这一发现解释了西方国家肿瘤高发的原因。目前，国际癌症研究中心已将丙烯酰胺列为人类可能的致癌物质。世界卫生组织规定，每千克食品中丙烯酰胺不得超过 1 毫克。而据测定，美式快餐的炸薯条中丙烯酰胺高出规定标准 100 倍，一包普通炸薯片超标 500 倍。最近，美国食品与药物管理局还在花生酱、黑橄榄、梅子汁、婴儿出牙饼，以及巧克力碎饼干中检测出丙烯酰胺。在炸鸡块中，也发现含有丙烯酰胺。

（3）西式快餐中油异常：制作西式快餐使用的起酥油、人造黄油等，是将天然植物油加氢后制成的氢化脂肪，其中含有 38% 左右自然界不存在的反式脂肪酸。1991 年，哈佛大学营养学家威得特教授就指出：长期食用反式脂肪酸会影响人类的内分泌系统，对健康有潜在的危害。而西式快餐大都是油炸和烤制食品，普遍使用氢化脂肪。流行病学研究表明，氢化脂肪的摄入量与心脏病和糖尿病的发病有直接的关系，氢化脂肪摄入量还影响血液中胆固醇的含量。

（4）西式快餐可"催熟"：美式炸鸡易引起儿童性早熟和

肥胖，中国肥胖儿童的增多与此有关。据报道，天津儿童医院内分泌科，接待过一些带孩子来治疗性早熟的家长，有的孩子五六岁就变声、乳房发育、出现生理性月经。曾有一位母亲带着不到6岁的儿子来找医生，医生检查发现，孩子出现了第二性征，是性早熟的表现，母亲感到很委屈，说平时从不给孩子盲目进补，连吃药都很小心。当问及孩子饮食时，母亲说孩子特别爱吃炸鸡，几乎天天吃。医生的诊断是，孩子严重偏食，营养不平衡，大量摄入高热能的垃圾食品，导致性早熟。

（5）西式快餐可致喘：儿童经常吃营养不均衡的西式快餐，容易患哮喘病。科学家在新一期英国医学杂志《胸腔》上报告说，他们对沙特儿童的饮食习惯和哮喘发病率进行研究，将100名哮喘患儿与200名普通儿童相比，结果发现，蔬菜、牛奶、维生素E和矿物质摄入不足的孩子，哮喘发病率特别高。如果不考虑家庭经济情况和父母吸烟习惯等其他因素，蔬菜和维生素E摄入少的孩子，发病率比其他孩子高出2~3倍，而西式快餐正具备了蔬菜、维生素E及矿物质少的特点。

（6）西式快餐可致瘾：美国有关研究表明，汉堡包、炸薯条、炸土豆片等西式快餐可引起进食者内分泌系统变化，使人难以控制进食量。长期食用西式快餐的人，随着体重增加，机体对激素——瘦素的抵抗增强。而正是瘦素可以对大脑发出信号，来协调人的饮食行为。因此，常食用西式快餐的人，由于对瘦素的抵抗而难以节制饮食。这一研究结果表明：食用西式快餐导致的发胖，不能简单地归结为肥胖者没有自我控制能力，而是西式快餐具有一定的成瘾性。

3. 建议 应该限制西式快餐的发展，在宣传上，也应当广而告之——"煎、炸、焙、烤类快餐有害健康"。建议要求快餐企业在醒目位置张贴"此类食品不利于健康"的警示语,以提醒消费者。

西式快餐还是少吃为妙。而爱吃快餐的儿童要尽量抵制快餐的诱惑,肥胖儿童则应尽量不吃快餐,如果已加入肥胖行列,可每日食用特制的减肥食品,同时在食用后 2~6 小时进行 50 分钟以上的有氧运动。

(二)粗细失当——身心发育的绊脚石

1. 在很多家长的错误认知下,督促孩子长期吃鱼、肉、禽、蛋、奶、高糖食物和精细的食物。而长期以精细食品为主的孩子,容易出现营养不良。

2. 精细食物中的磷、硫、氯等元素在体内代谢过程中极易转换形成酸性物质,人体正常血液本应呈弱碱性,而长期食用这些食物会使血液、体液、淋巴液等"生命液体"逐渐呈现酸性化,从而造成孩子的思维和运动功能发生障碍,出现抑郁寡言或激动暴怒的儿童孤独症。

3. 以前幼儿长痔疮的很少,现在逐渐多了起来,主要是因为吃得太精细,引起便秘。这么小的孩子,如果长期便秘,坚硬的粪便会导致肛门破裂,破裂后引起炎症,长期刺激就形成外痔。

4. 过于频繁地进食精细、质软及黏稠性强的食品,使孩子正处在发育阶段的颅、颌、面、牙齿及牙齿周围组织得不到应有的生理性刺激,使得颌骨发育不足,将要萌出的恒牙的牙量与骨量不成正比,而导致替换恒牙萌出排列不齐,产生牙列拥挤畸形。恒牙的拥挤不齐易使新生的恒牙发生龋齿。因此,龋齿与牙排列不齐两者是相互联系,相互制约的。

建议:要注意合理饮食,注意"粗"与"细"、"荤"和"素"

搭配，保证孩子代谢功能正常有序。

如果家长发现孩子便秘，最好是饮食调节。办法是多喝水，多吃水果、蔬菜。如果年龄小，可以吃菜泥、果泥。建议家长要培养孩子有规律的生活习惯，每日定时间、定地点训练排便，以建立良性条件反射，养成按时排便的习惯。对于有的家长用土方，将香油、猪油做润肠剂或用泻药，这些方法万万不能用，因小儿胃肠很脆弱，用润肠剂或泻药可能导致腹泻不止。

（三）喧宾夺主的零食

爱吃零食是孩子的天性。专家提醒说，在品种繁多的零食中，有些是适合儿童的，有些却是儿童不宜多食的。家长最好选择一些高营养、低糖量的天然食品作为儿童的零食。

1. 儿童不宜的零食

（1）含糖量过高的食品：如话梅蜜饯、糖果巧克力、中式糕点及各种冰激凌、雪糕等，吃完之后容易引起饱胀感，从而影响正餐，造成营养失衡，并导致儿童龋齿。

（2）腌制、熏烤和油炸的食品：如羊肉串、咸牛肉干、各类膨化食品等。

2. 多吃零食的害处

（1）易导致儿童消化功能紊乱：有的孩子书包、手中经常带有小食品，不分时间、场合拿起就吃。还有部分儿童喜食奶糖、巧克力等含脂肪、糖较多的易产生饱腹感的零食，吃饭时则无食欲，久而久之，造成孩子营养缺乏、贫血等。

（2）含有有害物质：部分小食品、饮料加工质量差，而且添加剂、色素、防腐剂等均不同程度超标，会对人体的肝、肾及造血系统造成不同程度的损害。部分小食品过期变质，细菌污染等都会对儿童造成很大危害。

（3）易导致肥胖：部分儿童喜食零食，加之活动量少，特别是有些儿童晚上看电视时，边看边吃零食，热能堆积很容易导致肥胖。

（4）细菌感染：吃零食不卫生，孩子们往往边吃边玩，从不洗手，使病菌乘机而入，引起痢疾、肠炎、肝炎和肠蛔虫病等。

（5）易患龋齿：吃零食的孩子不可能不停地刷牙，易患龋齿。家长应该对孩子吃零食、喝饮料的不良影响有充分的认识和限制，并逐渐纠正这种不良影响，不能把它看做是对孩子爱的表达或饮食不足的补充。

（6）严重的可导致儿童骨髓炎：见于长期吃零食，不吃正餐的孩子，蔬菜和碳水化合物摄入严重不足，体质很差，免疫力低下，饮食卫生差。

（7）过度过泛的食物刺激：表现在常常给孩子的零食变换花样上，会磨钝孩子新鲜感和吸引力。

（8）心理问题：大量买来的零食未必都是孩子真喜欢的，他可能只是受包装或广告影响，感觉拥有的荣耀，这样就会给孩子造成虚荣、攀比、贪婪、浪费等较多的负面影响，不利于从小培养孩子鉴别食物的能力。

3．预防与治疗　科学地给孩子吃零食是有益的。美国专家为此做了大量调查与研究，认为零食能更好地满足身体对多种维生素和矿物质的需要。调查中发现，在三餐之间加吃零食的儿童，比只吃三餐的同龄儿童更易获得营养平衡。孩子从零食中获得的热能达到总热能的20%，维生素占总摄食量的15%，矿物质占20%，铁占15%。这表明，零食已成为孩子获得生长发育所需养分的重要途径之一。但是零食应该怎么吃才能对孩子身体有益呢？

（1）适宜零食：新鲜水果营养丰富，非常适合作为儿童的零食；各种奶制品，如牛奶、奶酪等含有丰富的钙和其他100多种对人体有益的成分，能够促进儿童的体格和智力发育，也是极佳的选择；另外，豆浆及其他豆制品，各种坚果类食物，如花生、杏仁、松子、板栗等，也是天然的健康保健食品。

（2）分年龄段地选择零食：3岁前孩子不宜吃蛋白质、脂肪含量较高的坚果类，以及浓缩了矿物质和膳食纤维的一些干果。如果特别想让孩子吃，那只能改变它们的形状或加工方式，如核桃仁馅，炸花生改为煮花生，但一定不能吃得太多。3岁以前孩子也不要吃烤鱼片、牛肉干，虽然能磨牙但也很费牙。可以选择肉松、鸡肉松等。有的妈妈甚至让2岁左右的孩子啃鱼片，一给就是一包，对宝宝身体发育有害无益。

（3）添加营养性零食：零食不能喧宾夺主，只是孩子获得营养的一条次要渠道，不能取代主食，应在量上加以限制，在品种上进行选择。父母不妨上午给孩子吃少量热能较高的食品，如2～3块巧克力，1块蛋糕，或2～3块饼干；午睡后喝一点热开水，下午给吃一点水果；晚餐后不要再给零食，睡前喝一杯牛奶为宜。

（4）讲卫生地吃零食：要注意饮食卫生，吃零食前先洗手，吃完后刷牙或漱口。

（5）正餐≠零食：现在经常听到父母谈到"自己的孩子不好好吃饭，即使吃零食也好"，这种想法是错误的。往往零食的存在影响了孩子吃正餐的胃口，而且零食的营养成分远不及正餐，何况其中含有许多食品添加剂会影响孩子的健康。久而久之，把零食作为正餐的孩子容易出现营养不良、免疫力低下等疾病。

（四）深加工食品大行其道

薯片、雪饼、虾条等这些食品松脆香甜、口味多样，它们大多是以面粉、小米、土豆等食物为原料，经过油炸、加热或添加膨松剂加工而成的，也就是我们常说的膨化食品。这些膨化食品因为口味鲜美成了很多孩子喜欢的零食，有的孩子甚至把膨化食品当做了主食，一些家长对孩子也是听之任之。可是许多家长也许想不到，膨化食品中的铅含量比较高，可能给孩子的健康埋下隐患。此外，市场上迎合儿童的各类膨化食品品种不断翻新，再配上新颖的包装，有的还在其中加有玩具、小画册等来吸引儿童的目光。这些香、脆、酥、甜的膨化食品让小朋友拿到手里就放不下。

1. 膨化食品的营养不全面 它具有四高的特点：高糖、高脂肪、高热能和高味精含量。而由于膨化食品具有四高的特点，孩子吃得过多会破坏营养均衡，而且膨化食品容易造成饱胀感，影响正常进餐，会妨碍身体对营养物质的吸收。

2. 膨化食品中含铅量比较高 在膨化食品的制作过程中会有微量的铅进入到食品中，主要是这样几个来源，一个是在加工的过程当中产生，如食物的添加剂（如膨松剂）；另外，食品在加工过程当中是通过金属管道的，金属管道里面通常会有铅和锡的合金，在高温的情况下，这些铅就会汽化，汽化了以后的铅就会污染这些膨化的食品。据我国食品卫生标准规定：糕点类食品含铅量每千克不超过 0.5 毫克，膨化食品也是依据此标准来生产的。但是膨化食品的消费者多数是儿童，他们对于铅危害的承受能力只是成人剂量的一半，甚至更少。特别是儿童处于生长发育阶段，对于铅的吸收量是成人的 5 倍，而对于铅的排泄功能比较弱,所以铅特别容易蓄积在儿童体内,造成长期的、慢性的危害,甚至可能会影响终身健康。铅所造成的危害是很明显的,就是一些神经系统的行为改变,如注意力低下、记忆力差、多动、容易冲动、爱发脾气等。如果剂量比较大,中毒的程度比较深,那就会严重危害到小孩智力的发育和神经系统的健康。

3．**建议** 膨化食品作为美味可口的小食品,是可以适量地让孩子吃一些。为了避免膨化食品中微量的铅对孩子造成危害,应尽量少吃一些,而且不要在饿肚子的时候当做填肚子的东西来吃。因为在空腹的情况下,膨化食品所含有的铅这类的毒素特别容易被身体所吸收。此外,孩子吃的东西尽量要全面一些。另外,购买时需仔细阅读标识内容,认真查看配料表,了解产品的主要成分,仔细查看包装是否漏气(因为包装时为防止膨化食品和油炸小食品的油脂氧化,其产品包装袋内一般都要充入保护气体),若发现包装漏气,则不要购买。

(五)饮品花样层出不穷,你能否抵抗诱惑

饮料是以水为主体的食品。主要作用是止渴,补充人体的水分,补充由汗液和小便排出的水和一些营养素,补充剧烈活动时容易利用的热能。水是人体不可缺少的重要营养素,而我们所谓的饮料并不能代替水。但由于市场效应,许多"人造饮料"已成为儿童爱不释手的日常饮品,这些饮品无论是口味,还是颜色,对孩子来讲都具有很强的诱惑力。但大量研究资料表明,经常饮用人造饮料会对儿童生长发育产生不利影响。

1．**碳酸饮料** 碳酸饮料含有二氧化碳,能促进人体内热气排出,产生清凉爽快的感觉。但是,碳酸饮料虽然口感较好,但营养成分很少,所以儿童应慎饮或少饮碳酸饮料。

行为与健康——儿童不良行为早期发现与矫正

据有关专家介绍,碳酸饮料多为充气饮料,充气饮料中的酸性物质可导致儿童牙齿受损。另外,可乐、茶等饮品中含有咖啡因,咖啡因是一种兴奋剂,主要对人的神经中枢系统产生作用,会刺激心肌收缩,使心跳加速。儿童如过多摄入咖啡因,可导致头痛、头晕、烦躁不安、呼吸急促,以及维生素缺乏等症状。专家指出,多数碳酸饮料含糖量较高,多饮可能引起肥胖。

虽说夏天喝碳酸饮料尤其是冰镇的碳酸饮料能解暑降温,但是,由于儿童正处在生长发育期,肝脏的解毒功能较弱,不能将某些物质代谢掉,尤其夏季出汗后,大量饮用碳酸饮料容易造成水电解质紊乱。此外,饮料中含有苯甲酸(盐)、山梨酸(盐)防腐剂及色素等。医学研究表明,某些防腐剂和色素对儿童大脑发育有害,还可能导致多动症。

酷爱饮料的孩子易患"儿童饮料综合征",主要表现为食欲减退、好动、情绪不稳、腹泻、吃饭爱吵闹等小毛病。而"儿童饮料综合征"的罪魁祸首是糖,一罐355毫克的饮料大约含糖40克,1升装的大瓶饮料中含糖超过80克,其热能相当于儿童一日三餐的总和,也就是一瓶饮料等于三顿饭的热能。过多的饮料不仅影响了孩子们的胃口,它在人体的一系列化学反应还将破坏正常代谢,诱发胃肠道疾病,并把钙、铁、铜等营养物质统统给"冲"走。人体缺铁会导致贫血,缺铜会影响蛋白质合成,仅此两点就足以侵蚀儿童的健康防线。研究表明,偏爱碳酸饮料的儿童中,约六成因缺钙而影响正常发育。特别是可乐型饮料,因磷含量过高,过量饮用会导致体内钙、磷比例失调,造成发育迟缓。有趣的是,嗜饮料如命的孩子体格发育往往两极分化,要么过瘦,要么过胖。

2. 咖啡和含咖啡因的饮料 咖啡因实际上是一种兴奋

剂，它主要对中枢神经系统产生作用，会刺激心脏肌肉收缩，加速心跳及呼吸，严重的还会导致肌肉震颤，写字时手发抖。含咖啡因的饮料对少年儿童睡眠方式与质量也有影响，凡是饮用含咖啡因饮料多的孩子，夜间入睡慢、睡眠浅、容易醒，白天常打瞌睡，注意力也不容易集中。

另外，咖啡因有刺激性，能刺激胃部蠕动和胃酸分泌，引起肠痉挛，常饮咖啡的儿童容易发生不明原因的腹痛，长期过量摄入咖啡因则会导致慢性胃炎。咖啡因能使胃肠壁上的毛细血管扩张，刺激肾脏功能，使肾排泄增加，导致小孩多尿，钙排出量随之增多，儿童的骨骼发育也会因此受到影响。同时，咖啡因还会破坏儿童体内的维生素 B_1，引起维生素 B_1 缺乏症。

我们生活中常见的咖啡因存在于可乐、茶和咖啡中，一罐355 毫升的可乐含有咖啡因 65 毫克，一罐 350 毫升的乌龙茶含咖啡因 80～120 毫克，一杯即溶咖啡含咖啡因 85～200 毫克。正常人每日摄入咖啡因不应超过 200 毫克，否则便可能慢性中毒。专家呼吁：让儿童远离咖啡因！尽量少喝含咖啡因的饮料。

3．乳酸菌饮料 不少家长分不清乳制品与乳酸菌饮料，尤其是酸奶和乳酸菌饮料的区别。其实饮料与牛奶是完全不同的两种食品。酸奶是鲜牛奶经灭菌消毒后加入酸（如柠檬酸或乳酸）调制而成的，或经乳酸杆菌发酵制成的乳制品。牛奶经酸化后，不仅原先牛奶中的营养成分没有被破坏，而且由于牛奶中的酪蛋白凝块更小，同时酸奶还提高了孩子胃内的酸度，因此对孩子的消化吸收更有利。乳酸菌饮料，虽然也在其成分中标明含有乳酸菌、牛奶等，但实际上其中只含有少量的牛奶，其中蛋白质、脂肪、铁及维生素的含量均远低于牛奶。饮料中含蛋白质特别少，长期把它当牛奶喝，可能引起营养不良，而且更不适用于肠胃不太好的儿童,如果食用过量会引起肠胃不适等症状。

4. 酒精饮料 专家认为,不主张给孩子喝可乐型饮料,同时也建议家长尽量不要选择含酒精的饮料。含酒精饮料会影响儿童的生长发育。因为酒精是在肝脏中分解代谢的,儿童的肝脏发育尚不健全,饮酒对肝脏有损害。另外,酒精对大脑等神经系统也有害,可抑制大脑的兴奋性,减弱记忆力、注意力和理解能力,因此儿童不宜喝含酒精的饮料,更不能饮酒。大量的酒精具有麻醉作用,饮酒之后便可能出现许多问题,如皮肤血管扩张充血、心跳加快、血压升高。如果是急性酒精中毒,还可能引起上腹部疼痛、恶心呕吐等急性胃炎症状,严重的可能出现昏迷、言行失常等,导致身体的抵抗力大大降低,容易引起细菌或病毒感染。大量饮用烈性酒甚至可以造成肝细胞大片急性坏死而危及人的生命。儿童的内脏及各部位器官还未发育成熟,容易受酒精的危害;喝酒时间越长,慢性中毒的机会和程度也就越大,这对身体尤其是对人的生长发育极其有害。儿童时期开始饮酒,久而久之还可能发生慢性胃炎、消化不良、酒精中毒、营养不良和维生素缺乏等病症,从而成为发生肝硬化的重要病因之一。

5. 含糖软饮料 含糖软饮料由于味道甜美,饮用时有轻松愉快的感觉,从而逐步进入人们的日常生活,尤其儿童对此更是喜爱有加。家长们又往往认为这种软饮料喝下去后在口腔中停留的时间短暂,不会像太妃糖那样黏着牙齿上而引发龋齿病,所以对儿童们饮用软饮料的限制不像限制吃糖果那样的严格,殊不知含糖软饮料却恰好是引发龋齿的元凶!据国内学者们的研究表明,市场上出售的各种饮料的酸性是比较强的,其

pH 值范围在 2.4～3.0，而牙齿表层的牙釉质受酸侵蚀开始脱矿的临界 pH 值为 5.0，可见软饮料对牙齿的侵害能力有多强。又有学者模拟儿童频繁喝软饮料的次数、饮料在牙面停留的时间等条件对离体乳牙的影响进行研究，发现这些市场上常见的软饮料均可使乳牙牙釉质脱矿，而且酸性越强者，脱矿也越明显。国外也有相似报道，有的城市中自从投币购买软饮料的机器设置在马路边后，这个城市中儿童的患龋率便明显上升。

所以，口腔科医师提醒家长们警惕含糖软饮料对牙齿的危害，限制儿童喝软饮料的次数。在喝完饮料后，最好漱一漱口。

（六）成人饮料，儿童碰不得

不少市民在儿童饮料的选择上存在误区，给儿童选择一些成人常喝的饮料。专家认为，从生理发育水平来看，成人的肠胃消化系统已发育完全，可是儿童正处于生长发育时期，消化道尚未发育完善，对营养成分的识别、分解、吸收、转化未能如成人般快速，对果汁饮料的消化能力不如成人，因此适合成人喝的饮料未必适合孩子。

营养滋补型饮品绝对不适合儿童饮用。这些加了花粉、蜂皇浆或补益类中草药（如枸杞子、人参、桂圆等）的营养品，对健康的孩子来说不但没有必要，而且还会影响正常饮食中各种营养素的吸收。有些产品还含有激素成分，喝多了会导致儿童性早熟等严重后果。父母还要注意，别被虚假广告误导，造成严重的后果。

既然市场上的饮料有如此过多的危害，是否我们家长就不让孩子喝饮料了呢？其实儿童适量地喝一些饮料是可以的，这里介绍几种适合儿童饮用的饮料。

1. 果汁或果汁饮料　果汁包括原果汁和浓缩果汁；果汁

饮料包括果汁稀释后配制的汽水和果汁水等，前者饮用前一般需经稀释，后者一般可直接饮用。果汁既是维生素C的来源，也是胡萝卜素的良好来源。果汁中矿物质钾也很丰富，儿童由于膳食中蔬菜量少，饮用果汁则可弥补。选择果汁时，应选择近期出厂的产品。

2．矿泉水 矿泉水是指那些具有医疗意义的地下水。但从营养成分上讲，这些水中主要含一些矿物质和微量元素，像钠、钾、钙、镁、硫等。儿童饮用矿泉水，可增加矿物质摄入量，有助于生长发育。

3．乳及含乳饮料 酸奶和牛奶含较丰富蛋白质、脂肪、热能、钙、维生素A、维生素B_1和维生素B_2，含乳饮料有含乳果汁及一些乳制品，如冰糕、冰激凌等。目前在我国，蛋白质和钙是儿童膳食中缺乏的两种主要物质。经常喝牛奶、酸奶等饮料不仅解渴，而且摄入的蛋白质有助于儿童生长发育。

4．固体饮料 由水果等原料制成的固体饮料，含有与果汁一样的营养成分，如维生素C、锌、铁，尤适用于锌或铁缺乏的儿童饮用。正常儿童也可少量饮用。

此外，孩子们在饮用时需要注意以下几点：

（1）饮用时，注意一次饮用量不可太多，一般不要超过250毫升。

（2）一般不应在饭前饭后半小时内饮用，以免造成食物消化吸收不良。

（3）饮用时要注意瓶口卫生，最好饮用前洗一下瓶口，以免由于瓶口不卫生引起感染和传染病。

（4）含蔗糖的甜饮料，不要在睡前饮用以防产生龋齿。

5．白开水——最好的饮料 儿童喝饮料需选择性、适量地饮用,千万不能"因饮料而废水"。因为"人是水做的骨肉",人的身体里70%都是水,纯净的水才是各种营养物质的载体。与各种饮料相比,温开水能提高脏器中乳酸脱氢酶的活性,有利于较快降低累积于肌肉中的"疲劳素"——乳酸,从而达到消除疲劳、焕发精神的目的。

另外,水还有一般饮料中含有物质所不具备的生理功能:

(1)人体组织和细胞的养分及代谢物在体内运转,都需要水作载体。

(2)水可以调节体温,使人体温度不会波动太大。

(3)水是人体组织之间摩擦的润滑剂。

(4)水有极强的溶解性,多种无机和有机物都易溶于水中,体内代谢废物在水的作用下易清除到体外。

所以,对于儿童来说,白开水才是最好的饮料。每人需要的水量可根据能量的消耗计算,孩子每消耗1千卡的能量需要补充水1.5毫升。你可以参考表1的建议量让孩子每天饮用充足的水。

表1 不同年龄儿童少年的每天饮水量

年龄(岁)	建议饮水量(毫升)
0.5~1	800
1~4	1000~1200
4~7	1200~1600
7~11	1600~2000
11~14	2000~2200
14以上	>2200

注:此处的建议饮水量是根据计算人体每天所需要的水量而得出的,其中包括各种来源的水。

二、情有独钟的困惑

对于单一的食品结构,孩子常常因为喜欢而过多的食用,尤其那些所谓的"非垃圾食品"。家长放任孩子喜好的做法其实是错误的。研究发现,过多地进食单一食品,可诱发不同的疾病。

(一)多吃橘子——"橘子病"

橘子中糖及维生素C等营养成分的含量,在水果中是较高的。橘子中还含有维生素B_1、维生素E、维生素A、苹果酸、柠檬酸和橘子苷等物质。橘子食用后产生的热能高于苹果、梨、桃等水果,每100克橘子可产生144千焦的热能,和吃10克米饭或7.5克猪肉产生的热能差不多,如果连续吃过多橘子,产生的热能既不能转化为脂肪贮存在体内,又不能及时消耗掉,就会积聚在体内而引起"上火",表现为燥热、耗液伤津、唇干、咽痛。"上火"会使小儿抵抗力降低,维生素B_2等缺乏,出现舌炎、口腔溃疡、牙周炎、咽炎等炎症。因此,儿童不宜多吃橘子。

(二)多吃鸡蛋——腹泻、维生素K缺乏症

鸡蛋所含的营养物质以蛋白质为主,而儿童长身体除蛋白质外,还需要脂肪、碳水化合物、各种维生素和矿物质,以及膳食纤维。如果儿童饮食每天以鸡蛋为主,很少摄入其他食品,时间一长,会造成其营养不均衡,而"高蛋白"还会增加孩子肾脏的负担。另外,过多进补鸡蛋易致腹泻、维生素K缺乏症。儿童每日吃1~2个鸡蛋即可,吃鸡蛋过多会增加儿童的胃肠负担,引起消化不良性腹泻,还可引起维生素K缺乏症,表现为烦躁不安、面色苍白、面部皮疹、嗜睡、毛发脱落等。

(三)多吃菠菜——骨骼、牙齿发育不良

菠菜中的铁含量很高,所以一些家长就喜欢给儿童吃菠菜,甚至天天都吃,其实这样的老观念是不科学的,甚至让孩子吃菠菜补铁,其结果只能是越吃越缺铁。因为菠菜中所含的铁很

难被小肠吸收，而且菠菜中还含有一种叫草酸的物质，很容易与铁作用形成沉淀，使铁不能被人体所利用。菠菜中的草酸还易与钙、锌结合成不易溶解的草酸钙和草酸锌，影响对钙锌的吸收，可导致儿童骨骼、牙齿发育不良。

（四）多吃豆类——甲状腺肿

炒豆、油炒豆虽然味道香美，但其性温燥，难于消化，多食之后可引起食积、腹胀、口燥、便秘，脾胃虚弱者不宜多吃。大豆中含有胰蛋白酶抑制剂，容易引起恶心、呕吐、腹泻等症状，但这种胰蛋白酶抑制物可被高温分解破坏掉，故食用时应高温煮烂，以利于消化吸收。大豆中的皂素可促使人体中的微量元素碘的排泄。长期过多地食用豆制品可造成缺碘，引起单纯性甲状腺肿。儿童缺碘会直接影响其生长发育，造成智力下降。豆制品中含有丰富的钙质，对补充人体钙质是有益的。但是，如果血钙含量过高，则会妨碍锌的吸收。儿童缺锌则可导致发育迟缓、饮食无味、厌食，还会影响记忆力，并容易患感冒、肺炎、口腔溃疡及地图舌等病症。因此，儿童应注意合理营养，不宜长期单一食用大豆制品。

（五）多吃罐头——慢性中毒

罐头食品中的添加剂，对正发育的儿童有很大影响，还容易造成慢性中毒。

在生产罐头食品时，为了保持色佳味美，经常要添加一些辅料，如人工色素、香精、甜味剂，制作肉类罐头食品时为了使产品能呈现鲜艳的红色，还要添加一定量的硝酸盐和亚硝酸盐，以促使肌红蛋白转变成亮红色的亚硝基肌红蛋白。

另外，罐头食品大多数还是采用焊锡封口，焊条中的铅含量颇高，在储存过程中可污染食品。儿童消化道的通透性较大，这些添加剂和重金属均可被吸收，而影响儿童健康。

当食品煮熟、装罐、排气、密封后，常常还要采用超高温消毒灭菌，这一来，还会导致食品营养的流失。

（六）多吃泡泡糖——胃肠道疾病、影响口型

泡泡糖的主要成分是橡胶和增塑剂。天然橡胶一般是无毒的，但制作泡泡糖所用的一级白绉片胶是加了硫化促进剂、防老剂等添加剂的，这些添加剂均有一定毒性。如果儿童过多地吃泡泡糖，这些有毒物质会给孩子带来潜在的危害。增塑剂在泡泡糖中的作用是起泡，一般需加入7%的增塑剂才能吹起泡来。增塑剂虽然毒性低，但它的代谢产物——苯酚在消化道重吸收会对人体有害，而且增塑剂的使用量大，一块泡泡糖即含350毫克。如果儿童一天吃两块泡泡糖，就会摄入700毫克的增塑剂，如此大的剂量对儿童的健康是有影响的。另外，有些儿童在吃泡泡糖时，吃一会儿，吐出来用手拉薄吹泡或吹出来暴露在空气中，一块糖反复吃数次，就会把手上的灰尘和细菌沾在糖上，这种不卫生的饮食习惯，会造成寄生虫病和肠道传染病。

少年儿童往往喜欢比赛吹泡，过多地在口腔里反复咀嚼泡泡糖，每分钟可达40次以上，这样用舌尖把胶体推向口齿再用力吹泡，日久天长，对正常生长发育中的口齿，有可能人为地造成外龇。所以，作为父母应关注孩子在乳牙更换期不要过多咀嚼泡泡糖。

（七）多吃爆米花——慢性铅中毒

玉米或大米中含铅量并不高，为什么一"爆"含铅量就高了呢？其原因在于爆米花的工具上。因为在爆米花机的铁罐内和封口处有一层铅或铅锡合金，当铁罐加热时，一部分铅以铅烟或铅蒸气的形式出现，当迅速减压爆米时，铅便容易被疏松

的米花所吸附而使米花受到污染。

铅对人体是极为有害的,特别是对儿童影响更大。它被人体吸收后,主要危及神经、造血系统和消化系统,使儿童生长发育迟缓、抗病力下降。临床表现为烦躁不安、食欲减退,有的伴有腹泻或便秘。

(八) 过多的冷饮——消化道疾病

一到夏季,不少孩子离不开冷饮,如冰棍、冰淇淋等。过多的冷饮会使胃肠分泌减少,易引起腹痛、腹泻和消化不良。另外,孩子的肠管相对成人的长而薄,肠系膜松弛而固定能力差,一旦受到冷饮刺激,可导致肠管平滑肌痉挛和蠕动增强,进而诱发肠套叠,造成肠道梗阻而危及生命。夏季孩子吃冷饮要慎重,切忌放纵,以防不测。一旦出现腹痛、呕吐等症状,应立即就医。

(九) 多吃方便面——营养失调

首先是营养方面的问题,几乎所有的方便面都强调美味,却都有意无意地回避了营养这敏感的话题。人体需要的六大营养素,即蛋白质、脂肪、碳水化合物、矿物质、维生素和水(也有人把纤维素列为第七大营养素),无论缺乏哪一种,时间长了极易患病。方便面以面粉为主,主要成分是碳水化合物,另有少量味精、食盐等调味品,本来蛋白质含量就有限,在制作过程中维生素又大量丧失,因此蛋白质、维生素、矿物质均严重不足。即使是冠以鸡肉、牛肉、海鲜之类名称的方便面,广告画面上展现有硕大的肉块和虾条,但其中的鸡肉、牛肉含量仍是少之又少,甚至"子虚乌有"。有专家作过调查,长期食用方便面者,有60%的人营养不良,54%的人患缺铁性贫血,29%的人患维生素B_2缺乏症,16%的人缺锌,23%的人因缺乏维生素A而患眼疾。此外,方便面除营养价值低外还常常存在脂肪氧化问题，食用时或多或少的会从中摄入防腐剂和色素，这些成分都对儿童不利。

（十）多吃豆奶——影响激素水平

豆奶作为婴幼儿喂养的最佳替代品，多年来一直无人质疑。但近年来陆续有研究报告指出婴儿喝豆奶的弊端。首先是美国从事转基因农产品与人体健康研究的人士发现，吃豆奶长大的孩子，成年后引发甲状腺和生殖系统疾病的风险系数增大，原因在于婴儿对大豆中高含量植物雌激素的反应与成年人不同，婴儿摄入体内的植物激素只有5%能与雌激素受体结合，余下的植物雌激素便在体内积聚，这样就可能为将来的性发育埋下隐患。有资料显示，喝豆奶长大的孩子日后罹患乳腺癌的风险几率是常人的2～3倍。接着又有报告指出，豆奶和大豆代乳品中的锰含量高于母乳50倍，而吸收过量的锰元素，将影响6个月以下婴儿的脑发育，从而增加了以后罹患注意力缺陷、多动症和青春期暴力冲动的可能性。

（十一）多吃烧烤——破坏蛋白吸收

1．减低蛋白质的利用率 在烧烤食物的过程中，会发生"梅拉德反应"。肉类在烤炉上烧烤时散发出诱人的芳香气味，可是随着香味的散发，维生素遭到破坏，蛋白质发生变性，氨基酸也同样遭到破坏，严重影响维生素、蛋白质、氨基酸的摄入。因此，长期食用烧烤类食物会影响上述物质的利用度。

2．隐藏致癌物质 肉类中的核酸在梅拉德反应中，与大多数氨基酸在加热分解时产生致基因突变物质，这些物质可能会导致癌症的发生；另外，在烧烤的环境中，也有一些致癌物质，如3，4-苯并芘，通过皮肤、呼吸道、消化道等途径进入人体内而诱发癌症。

3．烧烤外焦里嫩 有的肉里面还没有熟透，甚至还是生肉，若尚未烤熟的生肉是不合格的肉，如"米猪肉"，食者可能会感染上寄生虫，埋下了罹患脑囊虫病的隐患。

（十二）多吃彩色食品——干扰代谢

市售的各种彩色食品所用的染料是从石油或煤焦油中提炼出来的，有一定的毒性。虽然偶尔食用不会有大影响，但经常食用，这种染料能消耗体内解毒物质，干扰体内正常代谢。此外，儿童体内各器官组织比较脆弱，对化学物质较敏感，如过多食用合成色素，会引起多动症及泌尿系统结石。

三、吃得好也要吃得巧

食用营养食品固然重要，如何进食也非常重要，即使是营养美食，经错误的进食方式进入人体，也能变成毒物，危害人体健康。我们给家长们列出一些错误的饮食方式，请家长们对照自己的孩子有否这些现象。

（一）边走边吃

有的孩子喜欢边走边吃，这样做很不卫生，因为走时尘土随着空气飞扬，致病微生物容易进入食物中，一旦人体抵抗力降低就会引起疾病，同时也容易引起胃下垂。

（二）边看边吃

边看边吃的危害极大。因为边吃饭，边看书报或电视可造成两种负担：一是引起大脑活动需要大量血液供氧，使消化器官因缺血而受到影响，可导致自主神经紊乱，引起胃肠道疾病；二是由于长期边看边吃饭又使视神经的养料供给不足，而致眼疾病，特别易患近视眼。

(三)嬉笑进食

我们常常见到一些小孩一边吃东西,一边互相嬉笑、打闹,结果出现呛咳。这是由于食物进入气管内引起的反射性咳嗽,如果未咳出,常引起吸入性肺病,重者气管痉挛,导致窒息而危及生命。

(四)快饮快食

有些孩子吃饭特别快,恨不得一口把饭吃完,不仔细咀嚼,囫囵吞枣地往下咽。这种吃法一则唾液分泌不足,影响消化;再则大块食物未经细嚼囫囵吞下,加重了胃的负担,容易造成胃溃疡和胃炎。有人统计,狼吞虎咽式吃饭的人,各种胃病的患病率比一般人高 2~3 倍。

(五)暴饮暴食

暴饮暴食是引起胃肠功能紊乱的诱因,由于小孩消化系统发育尚不健全,吃得过饱,使胃负担过重,消化功能较差,易引起积食,消化不良,有时会出现胃扩张等疾病。

(六)挨训进食

我们经常看到有的父母经常在孩子吃饭时说事,并且批评或训骂孩子,这种不良行为间接影响了孩子的饮食习惯。因为在吃饭时训孩子,往往会使孩子产生惊、怨、忧、伤等不良情绪,久之导致中枢神经对内脏的调节失调,使胃酸分泌减少,胃黏膜变白或充血,食欲减退,而引起胃肠疾病和营养不良等疾病,患有心脏病的儿童还会出现心绞痛。

(七)蹲着进食

胃肠道是人体的消化器官,食物通过它帮助消化吸收。如果蹲着吃饭,腹部受到挤压,胃肠道不能正常蠕动,使食物不能正常吸收,出现消化不良;同时心脏也有压迫感,影响正常工作，特别是患有心脏疾病的儿童更应注意。

（八）街边进食

街边小食摊特别是校门口的临时食摊，缺乏必要的卫生条件，食品易受灰尘、废气等带菌空气污染，加上有的油炸食品原料来源不明，正处于发育阶段的学生长期食用不洁净的食品，将使自身陷于疾病的危险之中。

（九）不吃早餐

调查中发现，幼儿的早餐状况令人担忧，11.2%的孩子不是每天吃早饭。而孩子不吃早餐的原因在于，58.5%的孩子是因为没有食欲，17.2%的孩子因为要赶路来不及，7.4%的孩子因为时间紧家里来不及做或购买，0.2%的孩子是为了减肥，还有16.6%的孩子有其他原因。

1. 不吃早餐的危害

（1）造成低血糖：人体经过一夜的睡眠，体内的营养已消耗殆尽，血糖浓度处于偏低状态，不吃或少吃早餐，不能及时充分补充血糖浓度，上午就会出现头昏心慌、四肢无力、精神不振等症状，甚至出现低血糖休克，影响正常生活和学习。

（2）导致营养和发育不良：不吃早餐的儿童，全天能量、蛋白质、脂肪、碳水化合物和某些矿物质，如钙、铁、维生素B_2、维生素B_{12}、维生素 A、叶酸等的摄入低于吃早餐的儿童。早餐所提供的营养素很难从午餐或晚餐中得到补充，不吃早餐或早餐营养质量差，是引起全天能量和营养素摄入不足的主要原因之一，长期下去，影响儿童的营养状况和生长发育。

（3）影响学习能力和成绩：学习是一项繁重的脑力劳动，大脑唯一能够利用的能源是血中的葡萄糖，即血糖。不吃早餐或早餐营养质量差，血糖水平相对就低，不能及时为神经系统正常工作输送充足的能源物质,从而影响学习能力和学习成绩。根据对比实验,不吃早餐的儿童在图形识别的错误率、反应能力和数学测试方面的成绩都低于吃早餐的儿童。早餐营养质量好的儿童,标准考试的成绩、逻辑思维能力、创造性思维能力和身体耐力等明显较好,其他表现如迟到、缺课等现象也明显比营养质量差的儿童少。

(4)易患胃病:不吃早餐,可使人体消化系统的生物节律发生改变,胃肠蠕动及消化液的分泌发生变化,消化液没有得到食物的中和,就会对空腹的胃肠黏膜产生不良的刺激,引起胃炎的发生,严重者可引起消化性溃疡。

(5)易患胆石症:调查发现,胆结石患者有90%以上发生于不吃早餐或少吃早餐的人。不吃早餐或少吃早餐导致空腹时间过长、胆汁分泌减少,而胆固醇含量却没有改变,久之,胆囊内多余胆固醇就会引起胆结石的发生。

(6)易患龋齿:美国最新研究发现,如果不吃早餐,会增加儿童发生龋齿的危险。2~5岁的儿童,不吃早餐者比每天吃早餐的同龄儿童发生乳牙龋齿的危险增加大约4倍。

(7)易患肥胖症:不吃早餐导致肥胖的原因到目前还不是很清楚,可能是不吃早餐的儿童到吃午餐时饥肠辘辘,饥不择食,不知不觉吃下去过多的食物引起能量摄入过多,从而在体内转化为脂肪蓄积引起的。

2. 建议 早餐应由以下四类食物组成:①谷类食物如面包、馒头。②牛奶及奶制品,或者豆制品。③动物性食品,如鸡蛋、火腿肠等。④水果、蔬菜。

(十)夜间进食

常吃夜宵易得夜餐综合征,影响孩子健康成长。

危害一：人的排钙高峰期常在进餐后 4～5 小时，若夜宵过晚，当排钙高峰期到来时，人已上床入睡，尿液便潴留在输尿管、膀胱、尿道等尿路中，不能及时排出体外，致使尿中钙不断增加，容易沉积下来形成小晶体，久而久之，逐渐扩大形成结石。

危害二：夜宵都吃得比较好，虽然营养丰富，但也暴露出另一个问题，即营养如何消耗。据科学研究报告，在吃夜宵时往往吃大量的肉、蛋、奶等高蛋白食品，会使尿中的钙量增加，一方面降低了体内的钙贮存，诱发儿童佝偻病、青少年近视；另一方面尿中钙浓度高，罹患尿路结石病的可能性就会大大提高。况且，摄入蛋白质过多，人体吸收不了就会滞留于肠道中而变质，产生氨、吲哚、硫化氢等毒素，刺激肠壁，诱发癌症。

危害三：经常喜欢吃夜宵，如果进食的是高脂肪、高蛋白的食物，很容易使人体内血脂突然升高。人体的血液在夜间经常保持高脂肪含量，夜间进食太多，或频繁、屡次进食，会导致肝脏合成的血胆固醇明显增多，并且刺激肝脏制造更多的低密度脂蛋白。运载过多的胆固醇到动脉壁堆积起来，也成为动脉粥样硬化和冠心病的诱因之一。同时，因为长期夜宵过饱，会反复刺激胰岛，使胰岛素分泌增加，久而久之，便造成分泌胰岛素的 B 细胞功能减退，甚至提前衰退，发生糖尿病。

危害四：夜宵过饱可使胃鼓胀，对周围器官造成压迫，胃、肠、肝、胆、胰等器官在餐后的紧张工作会传送信息给大脑，引起大脑活跃，并扩散到大脑皮质其他部位，诱发失眠。

危害五：我们知道，生长激素在晚上睡眠时达到分泌的旺盛期，如果临睡前吃夜宵的话，就会影响生长激素的分泌，继而有可能影响到身体的长高。为了让生长激素得到充分的分泌，需要降低血糖值。夜宵,特别是甜味食品会使血糖值上升,影响生长激素的分泌。

建议:晚餐尽量在临睡前 2 小时结束。如果实在饿得睡不着时,可以食用高蛋白的食物,例如,奶酪、鸡蛋、豆制品和牛奶等。

(十一)过早饮酒

有些孩子想喝酒,有些大人逗孩子喝酒,这都是错误的。儿童还处于长身体阶段,身体的各个器官还没有发育成熟,特别是消化系统没有发育成熟。如果此时期喝酒就会伤害孩子的身体。

1. 酒中的酒精对肝、胃刺激性及伤害最大。儿童喝酒,会使肝功能受损,胃部消化不良。

2. 儿童喝酒还会降低自身的免疫力,使孩子容易感冒、患肺炎等疾病。

3. 儿童喝酒会使儿童的智商下降,影响学习,或多或少地还影响到大脑的发育。

4. 儿童喝酒会影响到孩子的生殖系统。男孩子喝酒,酒精会对发育期的睾丸有很大的损害,轻的使发育减缓,严重的会造成成年后不育。对女孩来说,酒精也会影响性腺的发育,使内分泌紊乱,当青春期到来时,容易出现月经不调、经期水肿、痛经、头痛等现象。

(十二)甜食

过多食糖会影响孩子健康。糖是酸性食物,会改变人体的酸碱度,降低人的抵抗力,引起经常性感冒、龋齿、骨质疏松。吃糖过多,能影响体内脂肪的消耗,造成脂肪堆积,出现血脂过高,导致肥胖症和血管硬化。就孩子来说,在儿童时期就埋下了未来患高血压和心脏病的隐患。吃糖过多,尤其是粗纤维类糖,会刺激肠黏膜,加重肝脏负担,引起腹胀、腹泻,进而阻碍其他营养素的吸收和利用。还能使人产生不思饮食的饱胀感,使食欲减退,继而影响其他食物的摄入量,导致多种元素缺乏。

长期过量吃糖,直接影响到儿童骨骼的生长发育,以致引起佝偻病。体内维生素 B_1 消耗过多,容易引起眼球内膜弹性衰退、眼球变形,导致视神经炎和轴性近视。软骨病、脚气病、慢性消化不良、多动、性格暴躁等,都与食糖过量导致酸性体质、免疫功能下降有关。

另外,因为糖由淀粉转化而来,淀粉在加工成糖的过程中,维生素 B_1 几乎全部被破坏。糖在人体代谢过程中产生丙酮酸,因没有足够的维生素 B_1 参与代谢,丙酮酸会大量堆积在血中,刺激中枢神经系统,产生食欲减低和疲乏。此外,糖吃多了,口腔中的一些细菌可以利用蔗糖合成多糖,促使乳酸杆菌大量繁殖,产生有机酸,直接作用于牙齿,可使牙齿脱钙、软化,牙齿结构受到破坏,就容易产生龋齿。儿童食糖过多也会影响食欲,减少蛋白质和脂肪的摄入。因此,为了孩子健康成长,家长应限制儿童食糖。

(十三) 咸食

食盐过多对婴儿的害处,主要是食盐中的钠。婴儿的肾脏远远没有达到发育成熟的阶段,没有能力排出血液中过多的钠,因而最易受到食盐过多的损害,这种损害造成的危害是很难恢复的。婴儿年龄越小,越易受到食盐过多的损害。美国科学家曾把市场销售的 30 多种罐装食品给幼鼠吃,到了第四个月,这些幼鼠即发生程度不同的高血压,而对照组没有吃加盐的同样食品的小鼠却保持健康。研究者还发现,这些幼小动物一旦发生高血压,即使改给低盐或无盐食品,但血压大多不能完全恢复正常。

过咸食品不仅导致血压增高,还会加重心脏的负担。吃进的盐分过多,会引致体内的钾从尿中丧失。钾丢失过多对心脏功能会造成伤害,严重者会引起心肌衰弱而死亡。曾有营养学专家认为,所谓婴儿"摇篮死亡",很可能就是婴儿经常摄入含钠过多的食品所致。

如今,市场上出售的快餐食品,如干脆面、油炸薯片、三明治、蛋糕、饼干等,对大多数儿童极具吸引力,不少家长也经常给孩子买这类食品吃。殊不知,这些食品含钠量都偏高。为了使其松发和膨化,有的食品中常加有碳酸钠等钠化合物,使这类食品从口感上可能觉得不太咸。

为了保证婴幼儿健康,父母们不要以自己的口味来调配孩子的膳食。一般而言,1～6岁的幼儿,每天食盐量不要超过4克,应鼓励孩子多吃平淡饮食,不给或少给孩子买快餐食品。

(十四) 脂食

儿童饮食不合理,即营养过剩造成过度肥胖而出现脂肪肝,过度肥胖的儿童有20%～30%患有不同程度的脂肪肝。

首先是高脂饮食,或长期大量吃糖、淀粉等碳水化合物,使摄入的热能远多于消耗的能量,多余的能量便转化为脂肪贮存于体内;其次是蛋白质摄入不足和食物中缺乏B族维生素,特别是维生素B_1缺乏,这会使肝脏内的脂肪代谢发生障碍,脂肪得以在肝脏积聚。另有调查显示,患有脂肪肝的孩子中还存在偏食、厌食等不良习惯,同时,不爱运动是胖孩子的通病。

清楚这些之后,父母就要在日常的膳食安排中予以留意:

第一要让孩子接受合理的饮食结构。有调查显示,肥胖孩子中有 65%~80% 爱吃肉。孩子正处于生长发育阶段,饮食中不可缺乏蛋白质,但肉类食物含脂肪过多,可以让孩子多吃牛奶、鱼类、豆制品等食物,它们富含优质蛋白,同时油脂含量远远低于肉类。这样的饮食安排有助于爱护和促使已受损伤的肝细胞的修复和再生。

第二要限制热能的摄入。要控制糖类和脂肪的摄入,当摄入超过代谢需要时,就会变成脂肪在体内贮存。胖孩子都爱好的油炸类食品、高热能零食和碳酸饮料一定要有节制。

第三要保证充足的维生素摄入,特别是 B 族维生素和维生素 C。要多吃粗加工的谷物食品,多吃新鲜的蔬菜瓜果。

第四要让孩子养成热爱体育锻炼的好习惯,及时把多余的热能消耗掉。即便是不会走路的孩子,也不能都是每天抱着,让孩子翻翻身、爬一爬,在大人的帮助下做做肢体体操,不仅对孩子身体有好处,对智力发育也是有益的。

(十五)饱食

饱食容易引起记忆力下降、思维迟钝、注意力不集中、应激能力减弱。经常饱食,尤其是过饱的晚餐,因热能摄入太多,会使体内脂肪过剩,血脂增高,导致脑动脉粥样硬化。还会引起一种叫"纤维芽细胞生长因子"的物质在大脑中数以万倍增长,这是一种促使动脉硬化的蛋白质。脑动脉硬化的结果会导致大脑缺氧和缺乏营养,影响脑细胞的新陈代谢。经常饱食,还会诱发胆结石、胆囊炎、糖尿病等疾病,使人未老先衰,寿命缩短,严重影响儿童的生长发育。

(十六)癖食

癖食是指某些有异食癖的行为,这与儿童本身的某些疾病有关。有人发现微量元素锌与抗体的代谢可致儿童癖食,当儿童缺锌时,核酸和蛋白质合成障碍,使味蕾受损,以及黏膜增生和角化而阻塞味蕾小口,以致味觉减退使之异食。因此,若发现自己的小孩有这种不良的饮食行为,应当到医院去治疗,确诊后可按医嘱服锌制剂。

(十七)挑食和偏食

目前,挑食、偏食是当前独生子女中最常见的现象。孩子正处于生长发育的旺盛时期,而人体所需要的各种营养素又来源于各类食物。因此,如果孩子长期挑食、偏食就会造成营养的不平衡,而一旦营养素缺乏或营养过剩都会出现相应的疾病,所以,父母对于孩子的挑食与偏食应引起足够的重视。那么,孩子挑食和偏食的原因是什么呢?

1. 客观因素

(1)受父母饮食偏好的影响:1~3岁是饮食习惯形成的关键时期,而孩子的饮食行为主要是模仿父母,如果父母自己挑剔食物,或在孩子面前说这种食物不好吃,那种食物味道不好,孩子就会受到直接影响。另外,如果父母不喜欢吃某种食物,家里往往就很少买这种食物,这也会使孩子很少吃到这种食物,从而间接造成孩子的偏食。

(2)日常饮食比较单调:如果父母不注意烹调方法,不注意颜色搭配和形状的多样化,或饮食比较单调,也很容易使孩子形成偏食和挑食的习惯。比如,有的父母天天给孩子吃"蒸蛋",很少换花色品种,孩子自然不爱吃。

(3)父母过于迁就和纵容孩子:有些父母生怕孩子营养不够,对孩子的饮食要求总是有求必应,从而使孩子的口味越来越高,专挑自己喜欢吃的东西吃。

（4）强制进食导致逆反心理：专家认为，家长用强制或粗暴的手段逼孩子吃东西，会使他产生逆反心理。因为不愉快的情绪不仅会降低食欲、影响消化，而且会让孩子产生对立情绪或恐惧心理，这种强制进食往往会增加儿童挑食的可能性。

2．主观因素

（1）不喜欢食物的颜色：很多儿童都不喜欢黑色的食物，比如芝麻糊、发菜等，认为它们脏，不喜欢吃。

（2）不愉快的进食经历：如果以前吃某种食物后肚子痛或生病，或者在不愉快的环境下被迫吃了某种食物，都会令孩子对这种食物产生抗拒的心理。

（3）借此控制父母：有些孩子知道父母很在乎自己是否进食，很关注自己吃了多少，因此常利用挑食或偏食来要挟、控制父母，以达到某种目的。例如，你要买什么给我，我才肯吃。

3．预防与治疗　由于孩子挑食或偏食并不是一朝一夕养成的，所以父母一定要分析原因，有针对性地进行预防与纠正。

（1）父母必须以身作则：做到不挑食、不偏食，为孩子树立良好的榜样。

（2）改变过分溺爱的养育方式：不要任由孩子的喜好想吃什么就吃什么。

（3）餐前气氛要轻松、愉快、活跃：准备饭菜时可与儿童一起商量吃些什么，一起去市场买菜，让儿童帮助摘菜、洗菜，并有意夸赞儿童的劳动成果，使小儿觉得自己帮助做的饭菜更有味道，以促进进餐。

（4）就餐环境要舒适、清洁、优美：餐室要明亮，餐桌要洁净，餐具要卫生，选择偏红色调的就餐环境可使儿童消化液分泌增多，就餐时可听轻音乐，但不可边吃边看电视。

（5）成人的情绪要平静、稳定：对儿童进餐的不适当要求不可过分迁就。对不按时吃饭或每餐吃得很少的儿童可进行暗示性教育以引起其食欲。遇到不顺心的事不可采取责骂、恐吓、惩罚等强烈性手段，否则会使儿童产生畏惧逆反心理，甚至拒绝吃饭。

（6）讲究劝食策略：当孩子出现挑食、偏食现象时，父母不要急躁，也不要强迫孩子进食，更不要在孩子面前表现出焦虑的情绪，或当着孩子的面将孩子的这些坏习惯和自己的焦虑告诉别人，这样容易对孩子产生不良的暗示和强化作用。可以采用迂回战术，借助他喜欢吃的"绿色外表"的水果入手，给他讲青菜与水果一样都好吃。

（7）要了解孩子偏食的原因，给予脱敏疗法：可以在孩子的饮食中逐渐掺入他不喜欢吃的食物成分，如在吃馄饨时，掺入少量的青菜，多次反复，孩子就习惯吃了。也可以用变换花样的方法，改进烹调技术，引起孩子的食欲。

（8）用生动形象的教育方法，诱导孩子懂得吃各种食物的好处：如对男孩，家长可诱导孩子说男子汉就要好好吃饭、吃各种菜，这样可以长得快、跳得高、力气大。对女孩，家长则可以说好好吃饭，长大才能聪明和漂亮。父母对食物发表的评论和推荐很容易吸引孩子。

（9）注意情绪、情感作用：采取阳性强化法，在孩子能少量进食过去不吃的蔬菜时，立即给予表扬和奖励，奖励的办法可以是给孩子买一些学习用品，但注意奖励一定要兑现。

（10）尽量让孩子早入幼儿园：孩子在集体影响下，从众吃饭就香，也限制了吃零食习惯，进食就会正常。

（十八）厌食

厌食是 7 岁以下儿童常见的症状。不良饮食习惯、家长溺爱和微量元素缺乏是引起儿童厌食的主要原因。长期厌食多伴有体重不增或减轻，导致营养不良，影响儿童生长发育。那么，怎样增进孩子食欲呢？

1．首先要了解孩子厌食的原因

（1）过于关注形体美：少数患儿由于一些文化因素认为自己过胖（虽然检查体重都在正常范围内），会使他人对自己产生不漂亮、不苗条的不良看法而主动节食，日久形成厌食。此种类型常见于女孩，其日趋低龄化的现象已很普遍。

（2）伤食经历：儿童对喜欢的食物过分贪吃，导致消化系统损害，从此思想上对该食物产生厌恶性。

（3）注意力转移　本该进食之时被其他事情如玩具、电视、学习负担太重等转移了注意力，而家长对这些情况未采取解决办法。

（4）父母娇宠：长期强迫儿童进食自己认为有营养的食物或长期放任儿童挑肥拣瘦的不良饮食习惯，这与家长借饮食来表示自己对下一代的情感和关心的传统习惯有关。

（5）父母过分关注：过分参与了儿童的进食习惯，并以反复诱导，给予奖励或威胁的手段强迫进食，这反而会减低摄食中枢的兴奋性，导致厌食。

以上原因都是心理障碍现象，因此纠正儿童已养成的不良习惯是治疗儿童厌食行为的关键。

2．建议

（1）改善饮食习惯，建立规律的生活制度，每天按时就餐，孩子吃饭时要和家庭其他人员一块吃。

（2）注重饮食的花色品种，吸引孩子的食欲，同时讲究烹调技术。例如，孩子不吃肉，可做成水饺或馄饨；不吃豆腐，就做成卤干；不吃鱼，可做成鱼丸；尽可能使孩子膳食营养达到粗细荤素搭配的"均衡饮食"。

（3）给孩子一份多样的食物，并把各种荤素食物混在一起，逐渐培养孩子粗食杂粮都吃的习惯，这样可以纠正孩子挑食和偏食的坏毛病。

（4）要让吃饭时间成为安静快乐的时刻。家长不要采取哄骗、恐吓等手段强迫孩子进食，更不能在吃饭时教训小孩子，因为孩子越是紧张，吃得越少。

（5）孩子吃得好的时候，对他要多加注意，适当表扬；而他拒食的时候则要对他少加注意，有时孩子想要以拒绝食物来赢得关注。

（6）不要给调料过多或盐分过多的食物，尽量少给零食，不要用饮料在吃饭前填满孩子的肚子。

（7）补充适量微量元素和维生素。国内调查资料表明，厌食儿童多伴有不同程度的缺铁和缺锌。因此，对厌食儿童应常规检测头发中铁、锌和血液中铁、锌的含量；若这两项指标偏低，需要给予服用铁锌制剂，一般连用 1~2 个月，随着缺铁和缺锌的纠正，孩子的食欲就会大为改善。

（8）不宜滥用"营养滋补品"。儿童保健专家认为，健康儿童一般不需服营养滋补品，这是因为经常给小儿服营养滋补品会养成一种不平衡的饮食习惯，影响正常均衡饮食中营养物质的摄取，这样孩子就不可能得到长身体所需的各种营养成分，从而可能引起食欲减退、生长发育迟缓、患上贫血及佝偻病等疾病。某些营养滋补品能产生激素样作用，长期大量服用可造成儿童肥胖症和性早熟等不良后果。

（9）使用"开胃"药的目的在于促进食物消化和增强胃动力。临床医生观察到，胃潴留、蠕动减弱的患儿服用增强胃动力药后，常有饥饿感从而起到增进食欲的作用。此外，中成药饮片或溶液制剂也有较好的健脾开胃作用，可在儿科医生指导下选用。

警言警语

1. 服药用白开水最好

当宝贝因为药的味道不好的时候，妈咪第一个反应就是用甜味饮料送服。吃药不当会使病情恶化，特别是随便将饮料与药物搭配。饮料内的化学成分会与药物内的化学物质发生反应，一旦反应有害，就会后患无穷。例如用绿茶搭配服用含铁质的药物时，绿茶中的单宁酸和铁会结合在一起，让铁难以被人体吸收；用牛奶搭配服用抗生素，会使抗生素失去效力。

改变习惯：白水搭配药物服用是最佳选择。对于宝贝来说，如果药物的味道难以接受，可以加适量白糖。

2. 可引起儿童性早熟的饮食因素

（1）经常进食用避孕药或激素饲养的动作性食物，例如，用激素喂养的鸡鸭等家禽、鳝鱼或虾。这些鸡鸭或鳝鱼的头部和颈部含激素最多，尽量少吃。

（2）有些食物虽然是纯天然的，种植过程中没有加入激素，但本身所含激素比较高，儿童多吃也增加了性早熟的可能性。这些食物有蜂王浆、花粉、人参等，小儿尽量少吃。

（3）现在不少蔬菜、水果是反季节上市的，在种植过程中很可能加入激素类物质进行催熟，进食这些食物也可能加剧儿童性早熟。

第二章
运动失当,儿童伤不起

年轻父母中,约七成想让自己的孩子从小接受锻炼,为的是让孩子能有个健壮的身体。但儿童保健专家指出,过早地让孩子从事某些健体运动不仅不利于孩子身体的锻炼,反而容易造成伤害。

专家介绍:人在过量运动时,为防止能量进一步消耗,人会感觉极度疲劳,浑身无力,大脑反应减慢,如果长时间过量运动,会使大脑功能受损,尤其是儿童,过量运动极易出现注意力不集中、失眠、健忘,甚至缺氧等现象。

一、儿童运动雷区

(一)拔河

拔河可能让孩子"伤心"、"伤筋"。从生理学角度来讲,儿童心脏正在发育中,自主神经对心脏调节功能尚不完善,当肢体负荷量增加时,主要是依靠提高心率来增加供血量。拔河需要屏气用力,有时一次憋气长达十几秒钟,当由憋气突然变成开口呼气时,静脉血流也会突然涌向心房,损伤孩子柔薄的心房壁。有医学工作者曾对 250 名 5～6 岁的儿童在拔河比赛中进行生理检查发现,心率均高,赛后 1 小时有 30% 的儿童心率未能恢复正常。

除了对心脏造成影响外，拔河还可能伤到孩子的"筋骨"。儿童时期身体的肌肉主要为纵向生长，固定关节的力量很弱，骨骼弹性大而硬度小，拔河时极易引起关节脱臼和软组织损伤，抑制骨骼的生长，严重的还会引起肢体变形。

另外，拔河是一项对抗性较强的运动，孩子争强好胜，集体荣誉感强，比赛中往往难以控制并保护自己，极易发生损伤。往往会使儿童的手掌皮肤被绳索磨破，甚至由于双方拉扯时间过长、用力过猛，在强烈的外力作用下，容易引起脱臼或软组织受伤，严重的还会引起肢体变形。

（二）力量锻炼

儿童生长发育时都是先长身高，后长体重，且肌肉中水分较多，含蛋白质和矿物质很少，而且他们的肌肉力量弱，极易疲劳。也就是说，身体发育以骨骼生长为主，还没有进入肌肉生长的高峰期。如果这个时候让孩子过早进行肌肉负重的力量锻炼，一是让孩子局部肌肉过分强壮，影响身体各部分匀称发育；二是使肌肉过早受刺激变发达，给心脏等器官造成较重的负担。近代生理学研究表明，让儿童过早进行肌肉负重锻炼，可能使心壁肌肉过早增厚而影响心脏容量的增加，不利于儿童心脏的正常发育。另外，还可能使局部肌肉僵硬，失去正常弹性。所以，父母不要让孩子从事大人常练的引体向上、俯卧撑、仰卧起坐等力量练习。如果要练习肌肉力量，从初中一、二年级开始比较合适。

（三）长跑、负重跑

长跑属于典型的撞击运动，对人体各关节的冲击力度很强。孩子经常长跑锻炼，对关节处的骨骺发育不利。尤其是在坚硬的马路上进行冬季长跑时，对关节冲击力更大，骨骺容易出现炎症,从而影响孩子长个子。长跑也是一项心脏负荷运动,儿童过早进行长跑,会使心肌壁厚度增加,限制心腔扩张,影响心肺功能发育。另外,儿童时期体内水分占的比重相对较大,蛋白质及矿物质的含量少,肌肉力量薄弱,若参加能量消耗大的长跑运动,会使营养入不敷出,妨碍正常的生长发育。

另外,捆绑着沙袋进行负重跑,孩子的跑姿容易变形,错误动作容易导致运动损伤。

(四)掰手腕

儿童四肢各关节的关节囊比较松弛,坚固性较差,掰手腕容易发生扭伤。另外,如同拔河一样,屏气是掰手腕时的必然现象,如果憋气时间过长,会使肺部充盈气体,引起胸腔内压力急剧上升,影响静脉血液的回流,使心脏发生空虚性收缩;当憋气过后,静脉内滞留的大量血液又猛烈地冲击心房,对心壁产生过强的刺激。久之,易使心壁肌肉增厚,影响儿童心脏功能的正常发育。另外,如果长时间用一侧手臂练习掰手腕,可能造成两侧肢体发育不均衡,甚至使脊柱发生侧凸。

(五)极限运动

专家认为,儿童的体育锻炼,一要遵循儿童自身身体生长发育的规律;二要考虑儿童身体的解剖生理特点。孩子处于生长发育期,器官各方面还没有成熟,自然很难承受极具"挑战性"的极限运动,而且很容易造成损伤。比如,超过儿童身体自身承受能力几倍的大运动量,就有可能导致儿童肌肉因长期处于极度疲劳状态,造成肌肉疲劳损伤,容易留下运动损伤后遗症。另外,正处于生长发育的孩子,关节中的软骨还没有完全长成,长时间过度磨损膝盖软骨,日后容易形成关节炎。研究表明,儿童时期的膝盖损伤成年后患关节炎的可能性会增加3~4倍。

（六）兔子跳

在做兔子跳运动时，人体重心所承受的重量相当于自身体重的3倍，每跳一次膝盖骨所承受的冲击力相当于自身体重的1/3，这样对骨化过程尚未完成的孩子来讲，很容易造成韧带和膝关节半月板损伤。

（七）倒立

一些天真活泼的儿童，喜欢做翻跟头、倒立运动，有的父母还会饶有兴趣地协助孩子做倒立，但倒立活动对儿童是有害的。儿童倒立时，可造成颅压升高，其视网膜的动脉压也随之上升，结果可能引起一时性视野缺损，严重的可导致眼睑出血。虽然儿童眼压调节能力较好，但若经常倒立或每次倒立时间过长，将损害其调节能力，带来一些不良后果。

有关专家指出：儿童不应进行倒立活动，如非要做这种运动，须注意时间的限制，每次不超过3～5分钟，而且应避免连续性地做倒立。

（八）玩碰碰车

10岁以下儿童不宜玩碰碰车。少年儿童的肌肉、韧带、骨质和结缔组织等均未发育成熟，非常脆弱，受到强烈震动时容易造成扭伤和碰伤。

（九）玩滑板车

8岁以下儿童不宜玩滑板车。儿童身体正处于发育的关键时期，如果长期玩滑板车，会出现腿部肌肉过分发达，影响身体的全面发展，甚至影响身高发育。此外，玩滑板车时腰部、膝盖、脚踝需要用力支撑身体，这些部位非常容易受伤，所以一定要做好防护，最好有父母陪护，并且找平坦宽敞的非交通区域玩耍。

行为与健康——儿童不良行为早期发现与矫正

（十）公共健身器材

公共健身器材对安全要求很高。例如，目前最普及的"太空漫步器"，按照其两脚间规格，明显是只适合成人使用的，而有关警示上只对运动的形式、健康禁忌做了规定，对于使用者年龄并没有特别限制，很多青少年也把这些器材当成了玩具。目前，儿童使用健身器材不当引起伤害的事件不断增多，甚至出现了重伤、残疾的现象。据了解，小区里的健身器材原则上就是给中老年人配备的，目前还没有安装适合儿童的健身器材。

（十一）惊险游戏

海盗船、过山车、恐怖洞等游乐场里的惊险游戏，正以其独特魅力吸引着越来越多的都市人。心理学家指出，这些惊险游戏所带来的刺激，会影响孩子的智力，一些惊恐过度者可能出现"惊险游乐症"。一些极富惊险性和刺激性的游乐项目，对于胆小体弱或尚处在发育阶段的孩子，特别是婴幼儿尤为不宜。婴幼儿正处于生长发育期，身体的各个器官功能尚不健全，神经系统对外来刺激的承受能力还很弱。惊险的游乐项目容易使婴幼儿受到惊吓，造成脑震荡、视网膜损伤及惊厥等疾病，影响孩子的智力发育及身心健康。

二、亡羊补牢，为时未晚

专家指出，过早从事某一专项体育运动对未成年儿童也是一种伤害，其中包括：疲劳性骨折、月经失调、疲劳过度、饮食功能失调及情感压抑等问题。因此，专家认为父母应当鼓励儿童参加多种体育活动，而不要希望孩子在少年时代就创造某些体育项目的奇迹。

（一）运动原则

针对少年儿童身体发育特点，父母可以让孩子进行跳绳、弹跳、跳皮筋、拍小皮球、踢小足球、打小篮球、游泳等体育运动，这些项目既有助于增加儿童的身高，又不会伤害身体。另外，家长在指导孩子做运动时，不能想当然、凭经验，要学习掌握正确的训练方法和运动技术，科学地增加运动量，把握渐进性原则，注意间隔放松和运动恢复。对于尚未发育成熟的儿童，一次运动时间最好不要超过一个小时，间隔十几分钟，休息一会儿后再运动。一天的运动量不能过大，以运动后孩子不感到疲劳为限。

1. 选择好适宜的运动项目 幼儿运动以身体练习（主动练习和被动练习）为基本手段，可供选择的运动项目很多，包括跑、跳、投、压等练习；捉迷藏、跳舞、溜滑梯、荡秋千等游戏；郊游、拍球、跳绳、骑儿童车、游泳、体操等运动。所有这些运动都以增强体质、娱乐身心为目的。

2. 怎样选择运动项目 运动锻炼的项目很多，不同的运动项目可以产生不同的锻炼效果。例如，提高速度能力可选择跑、骑儿童车等项目；增强耐力能力，可选择长时间跑的游戏、游泳、郊游、跳绳等练习；增加力量能力，可选择跳、投等练习；提高灵敏协调能力，可选择跳舞、荡秋千、拍球等游戏；提高柔韧能力，可选择体操、按压等练习。

3. 在选择锻炼项目时，要以幼儿的解剖、生理特点为基础 要根据孩子的素质需求进行选择，身体哪方面素质欠缺就多练哪方面，对于不同性质的幼儿，选择不同的锻炼方式。另外，要使身体得到全面锻炼，应采用多种多样的项目进行锻炼。开始时，可以先从1~2个项目入手（要持之以恒），待有了相当基础时,再由少到多、由简入繁、由易到难地逐步增加锻炼项目,在锻炼中还要注意掌握循序渐进,以及因人制宜的原则。对不同习惯、不同环境、不同个性的人提供多种运动的选择,做到具有自我选择的特性。

4. 幼儿运动应具有科学的指导性,运动量安排要合理　制定和选用基本运动必须科学掌握运动量,如果运动量太小,对身体锻炼的效果就不大;而运动量过大,又没有节奏,则身体健康也会受到不良影响。

(二)运动意外

1. 运动损伤的原因

(1)对运动损伤的意义认识不够。特别是儿童少年好胜心强,运动经验不足,思想上麻痹大意,忘乎所以,不顾主客观条件,盲目从事运动,很容易发生伤害事故。

(2)缺乏准备活动或准备活动不正确。

(3)技术动作上的缺点和错误,也是发生损伤的主要原因。

(4)运动量不适当,特别是运动量过大易造成伤害。

适宜运动负荷(心率)=180 − 年龄

锻炼时最佳心率=(最大心率 − 安静心率)× 70% + 安静心率

(5)气候和光线不良。气温过高易中暑,气温过低易冻伤。

(6)身体功能状况不佳。

2. 自行简易处理

(1)擦伤:局部表皮组织遭到破坏和损伤,多因皮肤受到急剧摩擦所引起。

擦伤皮肤,伤口较干净者,可用生理盐水或冷开水洗净伤口,周围用75%酒精消毒,不必包扎,暴露伤口使之干燥。如伤口有异物,应先用消毒针头将异物挑出。

(2)挫伤:挫伤是由于钝力作用于身体的局部组织而引起的损伤。在运动中相互冲撞等引起挫伤,症状是局部疼痛、肿胀、皮下出血、皮肤青紫,四肢、胸部挫伤应注意有无骨折。如单纯性挫伤,应立即包扎冷敷,外敷跌打损伤药。

(3)关节韧带扭伤:关节韧带扭伤,是因外力使关节的活动超出活动范围而造成的损伤。症状是疼痛、肿胀,有皮下出血者可渐见青紫区。处理方法,原则上同挫伤。疑有韧带撕裂或发生骨折者,可在加压包扎后送医院治疗。

(4)脑震荡:头部受到外力打击或碰到坚硬物体上时,使脑神经细胞和神经纤维受到过度震荡时,称为脑震荡。轻度脑震荡受伤后只有短时间的头晕、眼花、眼前发花发黑,没有其他不舒服。中度脑震荡,受伤后有些病人数日不能清醒,出现头痛、头昏、恶心等现象,症状数日不消失。对轻度者,要立即停止锻炼,卧床安静休息,1～2天后如无其他异常症状,可在一星期后参加锻炼。对中、重度者,要病人仰卧在平坦地方,头部冷敷,注意保暖,及时送往医院。

(5)脱臼:由于外伤作用或用力过猛,韧带或关节拉伤、断裂,使关节面脱离了正常位置称为脱臼。症状是关节外部变形,感觉剧烈疼痛。处理时可先做冷敷,扎上绷带,保持关节固定不动,然后送医院治疗。

(6)骨折:骨折是骨的完整性受到破坏。骨折可分为开放性和闭合性两种。在体育活动中发生的多为闭合性,其中以前臂发生骨折为多。其症状是伤处有剧烈痛感并丧失正常活动功能,还可有畸形、肿胀和压痛。处理时要注意保暖、止痛、止血、防止休克,然后包扎固定,送医院治疗。

过量运动要不得

人体在过量运动时,为防止能量进一步消耗,人会感觉极度疲劳,浑身无力,大脑反应减慢,如果长时间过量运动,会使大脑功能受损,尤其是儿童,过量运动极易出现注意力不集中,失眠、健忘,甚至缺氧等现象。就儿童而言,有些运动损伤是难以彻底恢复的,严重的会影响到儿童的正常生长发育。比如,超过儿童身体自身承受能力几倍的大运动量,就有可能导致儿童肌肉因长期处于极度疲劳状态,造成肌肉疲劳损伤,容易留下运动损伤后遗症。另外,正处于生长发育的孩子,关节中的软骨还没有完全长成,长时间过度磨损膝盖软骨,日后容易形成关节炎。

第二部分　儿童不良日常行为与健康

第三章
不良睡眠习惯有隐患

　　睡眠是一种生理现象，对于儿童来说它不仅可以恢复其体力、为其储存能量、促进其体格生长，同时还有助于其神经系统的发育，尤其是在快速动眼睡眠期，大脑蛋白质的合成加快，新的突触联系成熟与建立等均有助于促进学习记忆活动。因此，充足的睡眠无疑是儿童健康成长的重要保证。但有部分儿童的一些不良睡眠行为，却会直接或间接地损害他们的健康，因此矫正这些不良行为，对于促进儿童生长发育和健康是十分必要的。

一、蒙头睡觉

　　有的孩子喜欢用被子蒙头睡觉，特别是寒冷的冬天，以为可以御寒取暖。其实，这是一种坏习惯，一种不卫生的睡觉方式。

　　这是因为，人体吸进的氧气和人体呼出的二氧化碳是通过呼吸器官进行的。新鲜的空气里如果有20%以上的氧气，人就感到呼吸舒畅、精神爽快；如果空气中氧气含量减少，吸入体内的氧气就不足，人就会觉得胸闷、气短、头痛、头昏和全身酸软。

　　蒙头睡觉时，由于棉被的阻碍，使外界新鲜空气进不来，而被窝里的空间是有限的，吸入的氧气越来越少，呼出的二氧化碳越来越多，孩子又把二氧化碳吸入到身体里，血液里的二氧化碳就会逐渐上升，浓度逐渐增高。高浓度的二氧化碳对人体具有毒性，可出现头痛、气急、全身无力等症状。在出现这些症状时，孩子就会感到不舒服而挣扎翻动，直到把被子蹬开，有的还会从梦中突然惊醒或大喊大叫。这样长久下去有损孩子的身体健康。如果在天气寒冷时蹬开被子，还可能患感冒、气管炎和肺炎。

所以，不管室内温度多低，也不要让孩子蒙头睡觉，一定要让孩子养成睡觉时口、鼻露在被子外面的习惯，特别是应锻炼开窗睡觉的习惯，但头不要正对窗口，以免着凉感冒。

二、俯卧睡觉

1. 容易引起窒息。被称为"儿童床上死亡症"的婴儿猝死，多数发生在采取俯卧睡姿的1岁以下婴儿身上。其实，婴儿用这种睡觉的姿势，是人们传统地以为这样可以防止婴儿打嗝，不料这种睡姿，却会使婴儿的死亡率大大提高。原因在于婴儿的头较重，而颈部力量不足，在不会自如地转头或翻身时，易造成呼吸道受阻，如吐奶等现象也会阻塞呼吸道而出现窒息的危险。

2. 不利于散热。胸腹部紧贴床铺，不易散热，容易引起体温升高，或者由于汗液积于胸腹而产生湿疹。

3. 四肢手脚不易活动，易发生手脚麻痹。

三、睡觉太晚

儿童身高除了与遗传、营养、体育锻炼诸因素有关外，还与生长激素的分泌有重要关系。生长激素是人的下丘脑分泌的一种蛋白质，它能促进骨骼、肌肉、结缔组织和内脏的生长发育。生长激素分泌过少，势必会造成身材矮小。而生长激素的分泌有其特定的节律，即人在睡着后才能产生生长激素，深睡1小时后逐渐进入高峰，一般在22时至凌晨1时为分泌的高峰期。如果睡得太晚，就会错过生长激素的分泌高峰期，对于正在长身体的儿童来说，身高就会受到影响。因此，孩子睡觉最迟不能超过21时，一般以20时前睡觉最为适宜。

四、睡觉太少

（一）妨碍智力发育

学龄儿童睡眠时间少，不但影响学习成绩，而且妨碍智力发育。据调查结果证明，7～8岁学生，每天晚上睡眠不足8小时者，有61%的人跟不上功课，39%的人勉强达平均分数线。每晚睡眠长达10小时者，只有13%的人跟不上功课，76%的人成绩中等，11%的人成绩优良。长期睡眠少的儿童常伴有语言障碍，如口吃、嘴笨等。因此，学龄儿童忌睡眠时间太少。

（二）儿童睡眠太少导致肥胖

现在的孩子们睡觉都不多，经常只顾着看电视、打手机和朋友聊天或者玩电脑。每天只睡5个小时的孩子肠胃中分泌出的饥饿激素含量要比每天睡8小时的人高出15%。睡眠过少虽不是导致儿童肥胖的唯一原因，但是它的影响却需要重视起来，因为睡眠太少的话，白天更容易疲劳而不想锻炼。另有研究结果发现，睡眠不足10.5小时的儿童，有14%出现超重的情况，比睡足11小时的儿童高两倍。睡眠的时间愈长，体内就会产生愈多的激素，而激素则有燃烧脂肪的作用。儿童正常睡眠时间见表2。

行为与健康——儿童不良行为早期发现与矫正

表2 儿童正常睡眠时间

年龄	睡眠时间（小时/天）
新生儿	>20
4个月	18～20
6个月	16
7～12个月	14
1～2岁	13
2～4岁	12
4～7岁	11
>7岁	10

五、睡懒觉

睡懒觉使大脑皮质抑制时间过长，天长日久，可引起一定程度人为的大脑功能障碍，导致理解力和记忆力减退，还会使免疫功能下降，扰乱机体的生物节律，使人懒散，产生惰性，同时对肌肉、关节和泌尿系统也不利。另外，血液循环不畅，全身的营养输送不及时，还会影响新陈代谢。由于夜间关闭门窗睡觉，早晨室内空气混浊，赖床很容易造成感冒、咳嗽等呼吸系统疾病的发生。

六、饭后即睡

吃饭，尤其是吃饱后，人体血液，特别是大脑的血液流向胃部，由于血压降低，大脑的供氧量也随之减少，造成饭后极度疲倦，易引起心口灼热及消化不良，还会发胖。很多身体虚弱者，特别是心脑血管病患者，血液原已有供应不足的情况，饭后倒下便睡，这种静止不动的状态，极易发生脑卒中的危险。

改变习惯：饭后休息一段时间再入睡，建议午饭后休息半小时再午睡。

七、开灯睡觉

(一) 影响视力

通常,熄灯睡眠时,人体的生理功能协调、代谢平衡。但若长时间处于人工光源照射下,灯光可能会促使正在迅速发育的婴幼儿的眼睛发生变化。尽管他们的眼睛闭着,灯光仍会透过眼皮进入眼睛。由于微妙的"光压力",人的视网膜生理调节会受到干扰,眼球和睫状肌得不到充分的休息,久之,势必影响视力。

晚上经常处于光照环境下的婴儿,钙质的吸收要降低25%左右。钙质的缺乏,也会引起近视,还会带来睡眠易醒易惊,喂奶时间延长,体重增加缓慢等许多问题,对孩子的生长发育不利。另外,还有可能影响中枢神经的保护性抑制,导致智力及语言障碍。

(二) 致癌

开灯睡觉或者生物钟自然睡眠模式受人造光线干扰的儿童,患癌症的可能性增加。人造光线对人体的破坏性影响会降低人体褪黑素的水平。褪黑素通常会在夜晚增加,可以保护细胞免受损伤,否则细胞很容易受到肿瘤的破坏。

在夜晚,光线会使自然生理节奏陷入混乱状态,这种生物钟控制着动物和植物24小时的生物进程循环不停。这种破坏会抑制褪黑素在夜晚(主要集中在晚上9点至早晨8点之间)的正常分泌,褪黑素的减少一直与癌细胞生长及其增生有关系。褪黑素在夜晚的急剧增加,有助于人体休息和新陈代谢。如果人们夜晚暴露在人造光线下,那么他们分泌褪黑素的能力就会受到限制。如果没有褪黑素,癌细胞生长及癌细胞对DNA破坏的速度就会加快。作为一种抗氧化剂,褪黑素能够保护DNA免受氧化作用的破坏。而一旦受到破坏,DNA可能会出现变异,就有可能出现癌变。所以一旦上床睡觉，就应该把灯关掉，直到第二天早晨醒来。

八、穿紧身衣睡觉

要知道，孩子在睡觉的时候穿衣太多，而这些衣服又都是紧身衣，衣服紧紧地裹住了身体，这不仅妨碍了全身肌肉的松弛，还会影响儿童的血液循环和呼吸功能。其原理就如同人在仰卧睡觉时，把双臂放在胸前，压迫了肺、心脏及大血管一样，出现噩梦、窒息感，甚至大声呼叫，醒后胸闷、大汗淋漓、恐惧等。

九、佩戴饰物

有些儿童玩橡皮筋、手链或脚链时，特别喜欢将其套在手腕或手指上，如果所套的橡皮筋过紧，又未能及时地取下来，尤其是套着橡皮筋睡觉，是会发生严重后果的。这是由于橡皮筋环套在手腕或手指上，压迫了血管，时间一长会勒得手指末端慢性缺血，轻者引起手指发青、肿胀，重者可因缺血而造成局部组织发黑、坏死。有一位年仅4岁的小男孩，就是因为将橡皮筋套在手上睡觉而造成了手指坏死，举家遗恨。切忌让尚未懂事的孩子将橡皮筋随便套在手上，以防发生不测。

十、与父母同睡

由于孩子年龄过小，或房屋面积较小等因素，一些家长有意无意将孩子带在身边睡觉。调查显示：我国城市学龄儿童"与父母同床睡"的比例为23%，"与父母同房睡"比例为14.6%，在自己房间内单独睡觉的比例为48.5%，其余13.9%的学龄儿童无规律的睡床习惯。

与"单独睡"的儿童相比，"与父母同床睡"的儿童，患就寝习惯不良、睡眠焦虑、夜醒、异态睡眠、睡眠呼吸障碍和白天嗜睡等症的几率高出 10 倍。

十一、睡前吃零食

（一）龋齿

睡前吃零食，大家首先会想到对牙齿不好，因为一般幼儿都没有早晚刷牙的习惯，如果不刷牙，零食的残渣就会留在口腔牙缝中，细菌容易繁殖，导致蛀牙。

（二）增加消化系统负担

幼儿期的孩子，其大脑的发育正处于不断完善阶段，脑部的髓鞘需要很好的保护。睡眠是使大脑皮质充分休息，消除疲劳的一种手段。而消化系统各器官在消化食物的过程中，受中枢神经的直接影响。如果在睡前给孩子吃饼干、糖果之类的食品，势必会增加胃、肠的负担，也减少大脑的休息，久而久之，会对神经系统的发育造成不良的影响。同时，胃、肠得不到充分休息，会引起消化功能紊乱。

十二、梦游

儿童梦游症是一种较常见的睡眠障碍，男孩多于女孩，常有家族史。梦游症多发生于睡眠最初的 2～3 小时内，持续时间为 5～30 分钟。发作后有可能意识转为清醒，也可能继续入睡。

（一）梦游的原因

关于梦游的原因，众说纷纭，至今仍无法确知。主要有以下四方面：

1. 心理社会因素　部分儿童发生梦游与心理社会因素相关。如日常生活规律紊乱、环境压力大、焦虑不安及恐惧情绪；

家庭关系不和、亲子关系欠佳、学习紧张及考试成绩不佳等。

2. 睡眠过深　由于梦游症常常发生在睡眠的前1/3深睡期，故各种使睡眠加深的因素，如白天过度劳累、连续几天熬夜引起睡眠不足、睡前服用安眠药物等，均可诱发梦游的发生。

3. 遗传因素　家系调查表明，梦游的患者其家族中有阳性家族史的较多，且单卵双生子的同病率较双卵双生子的同病率高6倍之多，说明该病与遗传因素有一定的关系。

4. 发育因素　因该病多发生于儿童期，且随着年龄的增长而逐渐停止，表明梦游症可能与大脑皮质的发育延迟有关。

（二）预防与治疗

1. 支持性心理治疗　梦游症多发生于生长发育期的6～12岁的男孩，在排除器质性因素的基础上，多与社会心理因素、生活节奏及生长发育因素有关。因此，应首先向家属及患者解释该病的特点及发生原因，解除患者及家属的心理负担，避免因孩子偶然出现梦游行为而引起焦虑紧张的情绪，以致梦游症状加重。向家属及患儿解释清楚，只要发作次数不多，一般无需治疗，但发作时应注意看护，防止意外事故发生。对正在发作的患儿应将其叫醒或将其引到床上。一般随着年龄的增长，患儿的梦游症状会逐渐减少，最终彻底缓解。

2. 睡眠卫生教育　合理安排作息时间，培养良好的睡眠习惯，日常生活要规律，避免过度疲劳和处于高度的紧张状态，注意早睡早起，锻炼身体，使睡眠节律调整到最佳状态；其次应注意睡眠环境的控制，睡前关好门窗，收藏好各种危险物品，以免孩子梦游发作时外出走失，或引起伤害自己及他人的事件。

3. 对该症患儿应进行医疗性保护　不要在孩子面前谈论其病情的严重性及其梦游经过，以免增加患儿的紧张、焦虑及恐惧情绪。

十三、夜惊

夜惊是睡眠障碍的一种，儿童中发病率约为3%，男多于女。可发生在儿童的任何时期，但以5～7岁为多见，以后慢慢减少，青春期后很少见。夜惊多发生在入睡后半小时之内，最迟不超过2小时。

（一）表现

在开始入睡的一段时间后，突然惊醒、瞪眼坐起、躁动不安、面部表情恐怖、凝视前方，有时伴有喊叫，而意识仍呈朦胧状态，同时并可表现面色苍白、呼吸急促、出汗。发作时，一般很难叫醒，常常不加理睬，仍表现惊恐、哭泣或叫喊，紧张地抓住他人，似乎继续在遭受某种强烈的痛苦，而对父母亲的安抚、拥抱及焦虑等视而不见，发作一般持续十余分钟，又能自行入睡。清醒后对夜惊发作内容完全遗忘或只有片段记忆。部分可伴夜游，即患儿起床走动，做一些简单的机械动作，如开抽屉等，醒后完全不能回忆。一般发作次数不一，可隔几天、几十天发作一次，偶可一夜多次发作。有时为癫痫的早期症状之一，可结合脑电图检查加以区别。

（二）病因

主要的精神因素是受惊，如睡前听紧张的故事，看恐怖的影视片等。此外，初次离开父母进入陌生环境的紧张不安也会导致夜惊的发作。夜惊往往反映孩子存在持续较久的焦虑状态。因此，要进一步了解患儿的心理状态，进行心理疏导。

（三）预防与治疗

家长对儿童夜惊发作不要过于紧张，夜惊伴夜游发作时，要注意防止可能出现的意外事故，发作后，要协助患儿重新睡好，盖好被子等。

儿童夜惊一般不需药物治疗，但反复发作，次数较多者，可在医生指导下用镇静药,以控制夜惊发作。在预防上,应注意培养儿童的勇敢精神,睡前避免听紧张恐怖的故事和看紧张恐怖的影视节目。本病一般预后良好,诱因解除或随年龄增长之后,即能自愈。

十四、打鼾

据国外统计,大约 10% 的儿童有打鼾症状。我国有学者对中国 8 个城市 28 424 名 2～12 岁的儿童睡眠状况进行流行病学调查,结果显示:儿童睡眠频繁打鼾的发生率为 5.7%。但许多家长认为,小孩子睡觉打呼噜,是睡得香的表现。其实,这可能是一种病态,医学上称为儿童阻塞性睡眠呼吸暂停低通气综合征,简称儿童鼾症。

(一)儿童鼾症可能引起的危害

1. 导致孩子生长缓慢 睡眠质量一旦下降,势必使释放的生长激素减少,影响儿童的骨骼发育。

2. 智力发育落后 德国汉诺威医学院的科研人员发现,儿童打鼾会直接影响到他们在学校的表现。他们挑选了 1 144 名年龄在 8～10 岁的在校儿童,发现经常打鼾的儿童在算术、拼写和自然等科目上得低分的人数要比从不打鼾的儿童多 3～4 倍。

3. 儿童打鼾可能影响面容 儿童在打鼾时由于鼻咽部阻塞而张口呼吸,上下牙齿咬合不正常,久而久之,可导致面部畸形发育,造成小颌畸形、牙齿排列不齐、上颌骨变长等"腺样体面容"。

4. 引起渗出性中耳炎 腺样体增生肥大如果堵塞鼻咽侧壁的咽鼓管咽口,则会引起渗出性中耳炎,出现耳闷塞感、耳鸣、听力减退等症状；如果堵塞鼻道，鼻腔分泌物引流发生障碍，会引发鼻窦炎。

5．有患高血压的风险 美国一项有关儿童鼻鼾和血压关系的研究报告也指出，有鼻鼾的儿童患高血压的风险较无鼻鼾同龄儿童高出4倍，其中最高危的组别是8岁以下有严重鼻鼾问题的男童，其高血压风险较无鼻鼾者高出9倍。

（二）预防与治疗

1．营养方面要保持均衡，防止因营养过剩而出现肥胖。家长应限制儿童摄取过多的糖和咖啡因，喜欢喝可乐的习惯对儿童健康没有好处。

2．保证儿童作息时间的规律性，减少夜间的剧烈活动。

3．注意增强身体抵抗力，减少各种急、慢性呼吸道传染病的发生，避免炎症引起的上呼吸道阻塞。

4．手术治疗。儿童鼾症最常见的病因是扁桃体和腺样体肥大，所以扁桃体切除术和腺样体切除术是首选治疗方案。合并慢性鼻窦炎者，经手术切除扁桃体、腺样体后，再经正确的抗炎治疗，大部分患者均可得到治愈。

警 言 警 语

1. 乳儿应脱衣睡觉

乳儿期即是从出生到1岁这段时间。有的家长让乳儿穿衣睡觉，甚至将手脚包裹起来睡，这会不利于孩子的健康成长。脱衣睡觉有利于孩子的生长发育。乳儿期的儿童生长迅速，在这个时期，若经常穿衣睡觉，会影响乳儿的血液循环，不利于休息，在一定程度上还会影响乳儿的身体发育。脱衣睡觉能够使乳儿睡得更加舒心、坦然，有利于孩子的健康成长。

2. 起床后即叠被危害多

很多家长要求孩子一起床就把被子叠好,觉得这样家里才会更整洁。其实这样做危害很大,因为人体本身也是一个污染源,在一夜的睡眠中,皮肤会排出大量水蒸气,使被子不同程度地受潮。人的呼吸和分布全身的毛孔所排出的化学物质有 145 种,从汗液中蒸发的化学物质有 151 种。被子吸收或吸附水分和气体,如不让其散发出去,就立即叠被,易使被子受潮及受化学物质污染。

改变习惯:起床后,可将被子翻过来,接触身体的一面朝上,晾 1 个小时左右再叠被子,还要定期晒被子,才能保证被子在睡眠的时候为你提供一个健康的环境。

第四章
书包过重，助手变对手

目前，学龄儿童背负沉重的书包上学已成为普遍现象，由于儿童正处于生长发育期，长期超负荷负重及不正确的背负方式，使其颈椎、腰椎病发病率急剧上升。医学专家认为，儿童负重不应超过其体重的1/6，否则可能导致儿童颈椎慢性劳损。但调查发现，书包平均超重高达四成，直接影响学童健康。

一、小小书包，害人不浅

（一）血液流动受阻

研究人员分别让10个孩子背上相当他们体重20%重量的书包后发现，这些书包压在肩膀上的重量，大大超过了医学手术中用来压迫血管以阻止血流所用的力量。这个结果带给人们的惊讶是巨大的，因为很多孩子背负的书包重量更重。

血液流动受阻会导致肌肉疼痛，如果孩子将双肩包背得很低，甚至低到臀部，那么书包带子的承受力量就会集中到肩膀的某一小部分，情况就会更糟。因此，研究人员建议孩子将双肩包背得高一些，并且尽量选择背带宽的书包，以便肩膀上的受力分散。

（二）引起颈椎患病

本来学生学习压力大，伏案学习时间过长，颈肩肌容易疲劳。加上伏案时姿势欠妥及每日背着沉重的书包将会导致椎间隙炎症水肿。久而久之，小小年纪便出现颈椎病，即常常会觉得脖子发僵、发硬，颈肩疼痛，甚至有头痛、头晕、视力减退等异常感觉。有些学生还出现脑供血不足所致注意力不能集中，从而加大了学习及心理上的负担。

（三）影响生长发育

据专家介绍，过重的书包会对孩子产生长期不利的影响。当书包的重量超过其体重15%后，背负书包部位肌肉的工作强度会大幅度增加，而且会在很短的时间内出现疲劳。如果让处于生长发育期的孩子长期背着沉重的书包，会造成肌肉的疲劳和躯干的前倾，最终导致脊柱变形，也就是我们常说的驼背。小学生长期负重，容易造成脊柱侧弯变形、"O型"腿或"X型"腿，足弓可能被压成扁平足，还容易造成孩子过早地完成骨化，从而达不到本该达到的身高。

（四）造成少年猿背

猿背蜂腰本来是形容人的身姿端正、体态挺拔，不过医学上讲的青少年猿背却是儿童易患的躯体畸形，通俗地说就是小罗锅。从生物力学的角度讲，孩子背负着一个大大的书包，为了保持重心平衡，不得不将重心前移，向前倾斜身体。长期保持这样的姿势，胸椎和腰椎前弓，脊柱屈曲后突，容易造成驼背。

当家长发现子女两侧肩膀一高一低，或过度驼背，就有发生猿背的危险。该病的特点是查不到造成异常弯曲的病理原因；检出率的高低，因学习、生活条件改变而有变化；体育运动和矫正体操有良好的防治效果。

（五）导致身材矮小

专家经过科学的测试和论证后，建议儿童书包重量最好不要超过体重的20%，否则将限制孩子长高。比方说，体重在25～35千克的小学生，书包重量最好在5～6千克。虽然一般重力的刺激在一定程度上有助于骨骼成长，但是在听到孩子因为背书包而喊腰肩酸痛时，就需要提高警惕了。因为书包的重量超标，力量将长期集中在脊柱及其附着的肌肉上，会增加脊柱的压力，引起肌肉过度疲劳，导致脊柱发育受到影响。

现在的孩子多半缺乏体育锻炼，"豆芽菜"儿童背负个大大的书包看起来像是个大问号。很多家长也在担心："会不会压得孩子不长个儿了呢？"10岁左右正是人体生长发育高峰期，是自1～3岁后的另一次骨骼发育高峰，脊柱、四肢骨骼都在不断成长，此时运动锻炼不足或是过于沉重的体力支出都会对发育造成不良影响。而且长期双肩担负过重，不仅脊柱生长受到压力，还会有引发脊柱骨软骨炎，造成"青少年猿背"和成年后发生骨质增生、腰背疼痛的危险。

二、减负是必须的

（一）小学生负重越少越好

有些家长发现孩子有点儿驼背、一肩高一肩低，只是觉得不好看。其实，这种不正常的发育，不仅影响形体美观，严重的还会影响内脏功能，影响今后几十年的生活质量。小学阶段的孩子正处在生长发育阶段，抗压、抗弯能力差，脊背禁不住重力的压迫，一旦长期负重骨骼就很容易弯曲变形。因此，负重最好等于零。小学三年级学生的书包，重量控制在1.5千克左右为宜，最重不能超过2.5千克。

（二）选择健康的书包

单肩书包不如双肩书包好，双肩书包不如运动包好，运动包不如拉杆箱好。从有利于身体健康的角度讲，最近一段时间部分小学生开始使用的拉杆箱是最科学的。因为目前市场上只有极少数进口品牌的运动包是真正根据人体的生物力学设计的，不仅价格昂贵,而且国内经销商引进的型号也不全,而国内品牌的学生书包、运动包在这个方面还不尽如人意。

值得注意的是,家长给孩子选择书包时常存在着几个错误的观点:一是认为手提式的书包不直接压迫脊椎,不会影响骨骼发育;二是宽背带、带胯托的书包就一定能够分散受力。其实,手提式书包会造成孩子一侧受力,对身体的伤害程度比肩背式书包更加严重。而肩带的宽窄与受力没有直接关系,关键是设计要与孩子的体型相符,才能使身体各部位均匀受力,减轻脊椎承受的压力。

(三)养成整理书包的好习惯

据了解,书包过重的问题已经引起了教育专家和老师们的关注。有些学校专门开展了一系列"给书包减肥"的活动。

在这些活动中,老师倡导学生:在选择书包时,不买最贵、最漂亮的,而是要选轻便、实用、舒适、最适合自己的;另外,要选购轻巧的文具和其他用品,以便携带。上学前依照课程表收拾书包,除当天上课要用的物品外,不要把其他东西,如漫画和杂物等放进书包内。充分利用学校的储物柜,放置课本书籍,以减轻书包负担。此外,学校还在每个楼层设置了饮水机,孩子上学时只带轻便的小水杯就可以了。

但有关教育专家表示,减少孩子带的练习册和作业本的数量才是关键,建议有条件的学校可以改用电子作业,老师和学生通过网上传作业可以减轻学生背着一叠作业本上学的负担。

(四)早发现、早治疗不适症状

青少年患者中,以脊柱侧弯和腰椎间盘突出症最多。发病原因很多,不适当的姿势体位、背沉重的书包等因素,都会导致青少年患上颈椎病。学生要提早预防,平时如果腰部、腿部不舒服,应及时到医院就诊。注意平时的坐姿,不要久坐,适当做些运动。

学生可以利用课间多做一些肩周活动操。比如，上仰脖子、上肢的伸展和回旋运动等，都可以帮助运动脊柱和肩周，减少发病几率。

（五）体育锻炼可减压

说到底，学校减压也好，家长关注也好，成长发育期的孩子最需要的还是适当的体育运动以促进骨骼生长。老话说的"抻筋"，其实不无科学道理，运动能健壮骨骼，强壮肌肉。单杠、跳绳、各种球类运动有利于协调全身肌肉，对孩子生长发育有利。而针对脊柱屈曲、后突则可以采用背伸肌锻炼。如俯卧位，模仿燕飞动作，或仰卧位，头及四肢着地，将腰腹向前挺，伸展脊柱，不但可使骨骼肌肉发达，也有利于脊柱骨骼发育。

1. 金字塔式运动 主要伸展脊椎、预防驼背、训练维持良好姿态的肌肉群。做法：手肘直、膝弯曲呈四足跪姿，肚子用力内缩、臀部往上翘起、大腿伸直。吸口气准备，吐气时，大腿维持伸直，肚子再往内收，让臀部往上、往后翘更高，上半身打直，让身体呈一个倒"V"字形，以此姿势维持3次呼吸。

2. 肩颈放松运动 目的为改善驼背、伸展肩颈部的肌肉。做法：站立，两脚与肩同宽，平稳地站在地板上，保持后脑勺往天花板延伸，两手放在身后、十指交叉、掌心向上，吸口气准备，吐气时头顶往天花板延伸、双手往地板方向延伸、肚子内收上提。维持3秒钟，吸气，放松，吐气时重复原先动作，连续做3次。

1. 如何为孩子选择书包

（1）应选择材料轻、双肩带的背囊型书包，双肩带可分散两边肩

行为与健康——儿童不良行为早期发现与矫正

膀所受的压力,带宽以2～3寸较好,加上软垫,更能减轻肩膀直接承受的压力。

(2) 设有腰带的背囊型书包,可让书包的重量分散在盆骨上,减轻脊柱所受的压力,但腰带的位置必须刚好在盆骨上。

(3) 书包背部的软垫,是书本与背部的缓冲区,使书本不会直接压在背上,有坑纹的软垫更有助于夏天散热。

(4) 书包内应有固定分隔层及带扣。分隔层能将书本或杂物固定在不同隔层内,再用带扣扣紧,避免书本摇晃不定,或坠向一边。

(5) 书包材料要能承受重量,不易变形。

(6) 应由小朋友亲身试用,体验书包是否舒适。

2. 自助式脊柱检查法

家长若怀疑子女患有脊柱侧弯等脊椎问题,可以自行以目视方法察看子女的脊椎。方法如下:

先让子女站立,并向前弯成90度角,家长从子女前或后察看其背部、肩胛骨、胸骨是否有不对称、不平衡现象,如果发现有倾斜情况则应尽早就医。

 警 言 警 语

有研究结果表明,小学生背负重量过重,对学生的正常发育影响巨大。儿童在负重时的支撑期和双支撑期所占步态周期百分比均高于自然行走情况,并随着负重的增加而增长;而摆动期则随着负重的增加变短。支撑期的足前掌接触阶段随着负重的增加而增长,增加了儿童行走的不稳定性。另外,随着负重的增加,行走时足部第二跖骨、第一跖骨处的压强值在逐渐增大,同时足前掌所受冲量占整足百分比随负重的增加而增加,儿童负重步行时足前掌中部位易出现疲劳和损伤。足蹬离地面阶段随着负重的增加足外翻程度和足轴角均变大。

第二部分 儿童不良日常行为与健康

第五章
莫让学习喜剧变悲剧

在儿童青少年阶段，除了睡眠，花费时间最多的活动就是学习，学习是人生进步的重要方式，但是很多儿童不懂得健康的学习行为，致使自己的健康受到严重威胁，以下是几种常见的不良学习行为。

一、会读书也是门学问

我国唐宋八大家之一的欧阳修提倡"三上"读书法，即马上、枕上、厕上，要抓紧任何可利用的时间读书，这样才能出成就。以现代科学的观念看来，这三上却不符合健康读书的理念，对身体有明显危害。

（一）不良阅读行为贻害终生

1. 边走边读 有的学生经常在公交车上看书，边走路边看书，这种习惯不利于视力的保护，因为汽车抖动，走路时手晃动，使书本与眼的距离不断改变，要想看清书本上的字，眼睛就要不断的调节，眼部肌肉必然紧张。因为两眼所看的目标移动太快，视觉中枢接收到的是一个模糊影像，加上书本上的字小或不清楚，又得不到合适的自然采光和人工照明，书上的反光忽明忽暗，很容易引起视力疲劳，久而久之就会近视。所以，不要在汽车上看书，也不要走路看书。

2. 距离过近 眼睛周围的肌肉由于糖化失去弹性后，不能灵活调节焦距。当近距离看书时间很长时，眼睛的肌肉可能固定在近焦距，而不容易改变到远焦距，因此看不清远处的东西。此外，睫状体长时间处于收缩状态，无法正常舒张，因此晶状体曲度无法恢复，就会看不清远处物体。

另外，长时间近距离看书写字，形成视力疲劳，大脑为适应近看清晰的需要，会反应性地调节眼轴变长，从而形成近视。

3. 光线过强 人们在看书写字时，要有合适的光线，才能看得清楚，看起来舒服。因为瞳孔有类似照相机的光圈作用，瞳孔放大与缩小，可以控制进入眼内的光线。光线强烈时瞳孔缩小，光线暗淡时瞳孔扩大。如果长时间在强烈光线下看书（如太阳光），瞳孔就会持续缩小，引起眼球肌肉痉挛、疲劳、眼球胀痛，甚至头昏目眩。另外，由于光线太耀眼，会觉得眼前有一团亮光，经久不消，看到哪里，就亮到哪里，这是视网膜黄斑区受强光刺激后的后像作用，当然看东西也就不清楚了。长期在强光下看书，由于睫状肌过度调节，不但可以促使近视眼的发展，而且对视网膜（尤其是黄斑区）造成损害，使视觉敏感度下降，引起永久性视力减退。尤其长期在直射的太阳光下看书，由于紫外线的照射，还容易引起角膜和晶状体的损害。因此，要尽可能避免在强光下看书。

4. 光线过弱 "凿壁偷光"的故事大家耳熟能详，经常成为家长教育孩子好好读书的正面教材，求学的精神固然可贵，但学习的方式却值得商榷。光线弱时读、写，因看不清字迹，就要把书本拿到离眼很近的位置，致使眼睛过度疲劳，同样可以造成近视。

5. 卧床阅读 因为躺在床上看书，书本往往放不正，不是离这只眼远，就是离那只眼远。离书本远的那只眼，要看清楚书上的字，就得使劲往一边斜。另外，由于手拿书的时间过长容易疲劳，不知不觉会越靠越近。等到离眼太近的时候，两只眼睛就不能同时看清书上的字，实际上只用了一只眼睛。长期下去，其中一只眼睛的视力就可能衰退，甚至失去作用，成为斜视。

6. 边吃边读　因为吃饭的时候胃会分泌胃酸，消化所吃下的食物，而且那时血液都集中在胃部促进消化，如果此时你再看电视或看书看报，血液就会分流，而影响消化，长此以往，会造成胃病的；不仅吃的时候不能看，吃完后立刻看书也不好。

(二) 科学阅读助你健康成长

1. 注意劳逸结合　每隔45～60分钟要休息10～15分钟。休息时应隔窗远眺或进行户外活动，使眼球调节肌得以充分放松。

2. 调整光线　近距离用眼时，光线过强或太弱均是造成近视眼的重要因素。因此，在夜晚或光线暗的环境下，照明最好采用40～60瓦的白炽灯，放在书桌的左上角。这是因为白炽灯的光线比较柔和，显色性能良好，眼球容易适应，防止了光线过强或过暗所带来的用眼疲劳。

3. 调整用眼姿势　近距离用眼姿势是影响近视眼发生率的另一个因素。近距离用眼时，桌椅高低比例要合适，端坐，书本放在距眼30厘米的地方。坐车阅读、躺在床上阅读或伏案歪头阅读等不良的用眼习惯都将增加眼的调节负担和辐辏频率，增加眼外肌对眼球的压力，尤其是中小学生的眼球正处于发育阶段，球壁伸展性比较大，长时间的不良用眼姿势容易引起眼球的发育异常，导致近视眼的形成。

4. 参加体育锻炼可增强体质 机体素质的好坏与青少年近视眼的发生也有密切关联。比如说，营养不良、患急慢性传染病、体质虚弱、偏食或贪吃甜食的孩子常发生近视眼。

因此，日常生活中青少年的饮食要荤素搭配合理，不偏食，保证各种营养成分齐全均衡。平日里要加强体育锻炼，如跑步、做广播操、打球、踢毽子等。此外，眼保健操也是预防近视眼、自我保健的好方法，可以在读书、写字的间隙做眼保健操，以起到解除眼疲劳的作用。

二、学习也要有模有样

（一）伏案学习杀伤力大

1. 表现 颈椎病不再是成年人的专利，少年患颈椎病的发病年龄多集中在 12～13 岁和 16～17 岁两个年龄段，这正是学生由小学升初中和初中升高中的时候。几乎所有少年颈椎病患者的学习姿势都不正确，具体表现为学习时头部过低、歪头、端肩、颈部过分前伸和前屈，而且不少孩子学习或打电脑时习惯"固定姿势"，一两个小时也不换一换。长时间保持一个姿势很容易得颈椎病，如长时间低头会造成颈背肌长时间牵拉，天长日久可导致肌肉劳损。随着肌肉劳损的日趋严重，又会出现椎间盘的退行性病变，产生骨质增生等。在正常情况下，脊髓和神经在椎体里面是受到保护的，当椎间盘出问题后，会由于椎间盘突出及骨质增生，压迫神经组织而引发颈椎病的一些临床症状。

2. 原因 少年颈椎病的病理特点。一是颈痛逐渐加重，由于用颈姿势不正确，致使颈部疲劳过度，肌腱长期紧张，损伤渐起，颈痛症状亦随之加重；二是椎骨尚处在生长期，复原的可塑性强，治愈率高。但是，如果因延误治疗已导致椎间盘过早退化，就很难治愈了。

3. 可治可防 在临床中，大部分少年患者都是症状很严重了才来就诊，使治疗难度增大。虽然孩子颈部有了不舒服的感觉并不一定就是得了颈椎病，但家长要考虑到这可能是颈椎病的一些早期征象，特别是孩子伏案长了以后就出现颈项部或肩背部疼痛、颈部活动受限等症状时，应该及时带孩子去医院就诊。千万不要等到出现头痛、头晕、恶心、呕吐等严重症状时才想到去医院检查。

（1）学习时30～45分钟做一次定时休息，恢复自然体位5～10分钟。因为长期处于低头状态，颈椎前屈，椎间盘压力随着时间的延长可升高，一旦超过其代偿限度，必然产生髓核后移乃至后突，使脊髓神经或神经血管受压，从而导致颈椎病发生。

（2）伏案一段时间后轻轻让颈部向各个不同的方向转动，或向不同方向弯曲颈部，达到放松肌肉的目的。

（3）不要趴着睡觉，床垫不要太软，枕头不宜过高。如果习惯仰睡，枕头不得高于一侧肩宽的2/3。如果习惯侧睡，枕头不得高于一侧肩宽，鼻尖应与胸腹中线成直线。另外，不要使用过于绵软的枕头。

（4）不要背负达到体重15%以上重量的东西。书包里只放当天要用的书本，如果还是太沉，就要预备手提袋，个别学生的书包已重达10千克左右，这是必须要纠正的。为了减少背部的压力，要把最重的东西放在背包的最外层，其他的书本应该码放整齐，防止背部受力不均；书包最好为双肩背，并且随着孩子身高的增长调整肩带长度，书包的底部不应低于腰线下6

行为与健康——儿童不良行为早期发现与矫正

厘米。

（5）加强体育锻炼。体育锻炼可增强身体协调性，加大颈项肌肉力量，促进全身血液循环，有效减少颈椎病的发生。每天都要进行颈肩部肌肉的锻炼，可做头及双上肢的前屈、后伸及旋转运动，游泳或各项球类活动对预防颈椎病效果较好。

（二）不良坐姿造成脊柱侧弯

1. 原因 不良坐姿是造成青少年脊柱侧弯的重要原因之一。中小学生成天坐在与身体不配套的桌椅上，弓着腰、侧着身写字，会导致脊柱两侧的肌肉和韧带功能失调，时间长了就会腰酸背痛。如不及时发现和治疗，会加重病情，引起躯体畸形，影响心肺功能。

2. 预防与治疗

（1）给孩子配置专用的写字桌椅，桌椅要可调，其高度可随着孩子的长高而变化加高。

（2）在上小学一年级时就佩戴坐姿警示器，如"海豚小哨兵"——新型儿童护视宝，这是一种挂在耳朵上像海豚的东西，孩子一低头就唱歌，提醒孩子抬头挺胸，端正坐姿。

（3）在孩子的专用桌子边沿安置一种用工程塑料做的挡杆，目的还是确保孩子的前胸不能弯下来，眼睛与书桌保持一定距离。高度可调，随着孩子的长高，始终保证挡杆的高度在孩子的胸前。

（4）给孩子戴上背背佳。背背佳可以有效防止非病理性驼背及脊柱弯曲，矫正动、静状态下青少年的不良体态，帮助人体保持正确的坐、立、行、走姿态。可使因含胸驼背造成的近距离用眼得到改善，逐步恢复合理的用眼距离、消除视觉疲劳、矫正假性近视，将近视的形成消灭在萌芽状态。同时，也可以使人体肩、背、腰、腹部均衡受力，缓解肌肉疲劳，保护腰、背部安全，使身姿维持自然挺拔，呈现形体最佳状态。

几种方法同时使用，四管齐下，孩子的学习姿势就会纠正过来。

(三) 不能承受罗锅之重

1. 原因 骨骼是人体的支架，脊柱是中轴，由30多节椎骨按规律重叠连接而成。正常情况下，它有4个生理弯曲：颈段凸向前，胸段凸向后，腰段再凸向前，骶尾段再凸向后。脊柱向前弯曲度过大，就是驼背。

除外伤以外，有几种情况能导致驼背。一是遗传，二是平时习惯不好。多数人的驼背是习惯不好造成的，例如，平时走路低头、不注意坐姿、女孩子为掩饰自己突出的胸部而故意收肩低头等。儿童青少年的骨骼有机物成分较多，这样的骨骼韧性较好，具有较大的可塑性，若就学时期长时间坐姿、站姿不良或缺乏运动，不注意坐立行走的姿势，使背肌用力不当或无力等因素，均可能导致驼背的形成，形成驼背的另一个原因是缺乏体育锻炼。

2. 预防与治疗 儿童青少年驼背，即习惯性脊柱弯曲，分为脊柱侧弯（向左和向右侧弯）和脊柱后凸两种。脊柱弯曲既影响体型健美，又会挤压与脑、脊髓相关的脑神经、脊神经、内脏神经，造成神经障碍，导致青少年记忆力下降、反应迟钝、智商偏低。可以说驼背同近视一样，是危害儿童青少年健康成长的一大公害。儿童青少年如发现"驼背"现象，除加强一般的体育锻炼外，还可以采用下列方法进行矫治。要消除驼背，就要注意克服上述不良习惯。平时走路、跑步挺胸抬头，每天早晚躺在床上或炕上，肩部搭在边沿处，仰卧，头部悬空，用手向后做摸地的动作（注意安全）。白天休息时也可以这样做，慢慢地驼背就会有所改善。

（1）注意端正身体的姿势。平时不论站立、行走，胸部自然挺直，两肩向后自然舒展；坐时脊柱挺直；看书写字时不过分低头，更不要趴在桌上。人们所说的"站如松，坐如钟，卧如弓"是有一定道理的。

（2）正在发育的青少年最好睡硬板床，以使脊柱在睡眠时保持平直。

（3）体会正确姿势的要领。可以用芭蕾形体训练的方法，脚跟并拢、双脚外开180度、成"一"字。矫正驼背最简单的方法就是后背贴墙站立，这是时装模特的日常训练。总之，只要是重心在脚跟位置，就可以矫正驼背。还可以将前脚垫高来进行，如脚掌踩一本书（厚度20毫米以上），经常进行这样的站姿练习，就可以逐渐矫正驼背，这也是舞蹈形体训练的一种新方法。

（4）使用形体矫正鞋。形体矫正鞋也叫形体训练鞋，这种鞋是前高后低的，和前面所述将前脚垫高矫正驼背的方法是相同的，与倒走矫正驼背的道理是一样的，只是这样方法更简便、更生活化和经常化，便于长期坚持。这样的鞋在国外很普遍，在欧美地区称为"地球鞋"，在香港被称为"瘦身健体鞋"，形体训练鞋在外观上与普通的鞋基本相同，可以作为日常生活用鞋。

（5）体育锻炼

1）俯卧撑法。两手两脚同时触地，将头、颈和身体撑起。练习时屈肘推臂，身体挺直并上下运动而不着地，反复15～30次。

2）反撑倒立法。民间又称"蝎子倒爬墙法"，先距墙1米左右面墙而立，然后两手与肩同宽在离墙30～50厘米处着地，并将两腿伸直向后翻于墙上，两脚在上，头在下成反弓形。每次坚持1～2分钟为宜。

3）贴墙站立法。两脚跟靠拢并齐，两腿夹紧膝盖稍用力后挺，臀部肌肉收紧，小腹微收，自然挺胸，两肩要平并稍向后张，两臂自然下垂并轻贴身体两侧，脖颈挺直，紧贴衣领，下颌微收，头向上顶。练习时使两脚跟、小腿肚、臀部、两肩及头部后侧均紧贴墙壁。每日可贴墙站1～2次，每次不少于30分钟。

4）后仰振臂法。身体正坐于椅子上，两臂伸直从前方向上向后举起，同时头向后仰；或两臂伸直，从身体两侧平举由前向后运动，同时头部后仰。每次10～20分钟。

5）侧向振臂。上身正坐或两腿分开站立，两手直举于头侧，掌心相对，适当用力使腰部以上身体，向左向右往复摆动。反复30～40次。

6）单杠悬吊法。立于高约2.5米的单杠下，两手与肩同宽抓住杠体使身体自然伸直悬空吊起，而后小幅度前后振摆。每次1～2分钟为宜。

这几种矫治方法都有各自的特点和实用价值，青少年可根据场地和驼背的具体情况选做或全做。经过一段时间的训练，会有明显的效果。

脊柱侧弯自我检查法

（1）穿着上衣后，领口不平，一侧肩膀比另一侧高。

(2) 一侧后背隆起。

(3) 坐位时，腰部一侧有皱褶，而另一侧没有。

(4) 平视孩子身体，发现其一侧髋部比另一侧高。

(5) 平躺时，两侧下肢不等长。

 警言警语

警惕学习过度猝死

为了取得好的分数，获得好的排名，得到更高的升学率，不少学校存在重视智育，忽视德、体、美育的现象。高中生每天学习十六七个小时，一个月才休息一天或半天，身心素质严重下降。随便走进一个教室，戴眼镜的学生都占六七成。临近高考，高中生因为学习压力而猝死或自杀的消息频频出现，应该引起社会广泛关注。当精神高度紧张，处于高压之下的心理与身体状态不佳时，血压易升高，血管易痉挛，使斑块破裂堵塞血管，出现心肌梗死。长期久坐不动，顾不上喝水，血黏度升高，代谢紊乱，血脂代谢不正常，大起大落的情绪等因素，又会增加罹患心血管病的危险。

第二部分 儿童不良日常行为与健康

第六章
吸烟——始于童年的慢性自杀

据记载，人类吸食烟草的历史始于原始社会的拉丁美洲。早在4000年前，居住于今天墨西哥的玛雅人就已经开始了烟草种植和吸食。那时的人们在摘尝植物时，尝到烟草辣舌，有醉人香气，能提神解乏，把它当做刺激物。但咀嚼次数多了之后，渐渐成为一种嗜好，烟草的种植及吸食便迈出了进入人类生活的第一步。16世纪中叶，烟草开始传入我国，并使人们慢慢地上了瘾，以致400多年来欲罢不能。更可怕的是，儿童及青少年吸烟已成为一个不可忽视的群体。

一、儿童吸烟数据"年年"观

1996年，我国吸烟行为流行病学调查结果发现，15～24岁年龄组人群吸烟率上升；开始吸烟的平均年龄由1984年的22.4岁下降为19.7岁；有90.14%的吸烟者在20岁以前就开始吸烟。

2005年，我国卫生部对全国18个省区大中学生调查发现，吸烟率为14.9%，其中男生为22.4%，女生3.9%；青少年吸烟者开始吸烟的年龄平均为12～13岁。

新烟民中的90%来自青少年；世界上大约每天都有5 000名孩子加入到"瘾君子"的行列。

2011年，卫生部发布信息：目前，我国吸烟人数达到3.5亿，其中青少年吸烟人数高达5 000万，青少年吸烟率呈上升趋势。

中国控烟协会数据：中学生尝试吸烟率为22.5%，其中男生尝试吸烟率为33.2%，女生为11.2%。中学生现在吸烟率为15.8%，其中男生为22.9%，女生为5.4%，较2005年有所上升。

未来，卫生部指出，到2025年，每年大约有200万人将死于与烟草有关的疾病，而到2050年，这个数字会增加到300万，其中有一半将在35～69岁死去，他们正是今天花样年华的儿童青年。

二、吸烟成瘾可测量

2000年，美国精神病学协会《精神紊乱的诊断及统计手册（DSM-IV）》给出尼古丁依赖诊断标准，如1年中出现下列3种或更多症状，可诊断吸烟成瘾：

1. 尼古丁的效应不断减弱，增加吸烟量以获得相同的效应。
2. 戒烟后出现戒断症状。
3. 尽量减少吸烟量但对吸烟渴望依然。
4. 很多时间花在吸烟和买烟上。
5. 为了吸烟延迟社交、工作和娱乐。
6. 健康受到威胁，但照吸不误。

三、儿童吸烟的原因

吸烟的危害性已众所周知，为什么还会有大量儿童染上这种恶习呢？据世界卫生组织一份报告指出，同龄孩子中，吸烟者比不吸烟者更多地显示出这样的特点：父母吸烟，学习成绩较差，朋友吸烟，把吸烟看成是独立及反抗父母的象征。由此可以看出，心理和环境因素是导致少年儿童吸烟的主要原因。

（一）满足成长意识

少年时期是自我意识迅猛增长的时期，从那时开始，他们就几乎感觉自己是个"大人"了。这种强烈的成人感和独立感，使他们错误地把吸烟当做成熟的标志。

（二）模仿明星偶像

紧随成人感而来的，就是模仿心理。许多少年模仿影视中明星们的吸烟动作，认为那样很"帅"、很有"风度"，"一尝二试"不知不觉就成瘾了。

（三）用作交际工具

少年阶段是渴望交友的时期，许多孩子把香烟当做重要的交际工具，认为只要递上一支烟，什么事都好办。有调查表明，约 1/3 的少年烟民是为交际而吸烟。

（四）解脱不良心境

由于少年心理承受和调节能力较弱，一旦学业、生活受到挫折，就通过吸烟寻求心理慰藉。此外，觉得"好玩"、"像个神仙"的种种好奇心，使少年对香烟更加青睐。

（五）吸烟同伴影响

对孩子们来说，第一根烟很少是美妙享受。他们开始吸烟主要原因是由于同伴的压力。别人抽烟他不抽，会被骂成"胆小鬼"、"假正经"。因此，同学在一起玩儿时，人家敬烟，又不好意思拒绝，几次下来就成了"小烟民"。

四、吸烟对儿童健康的危害

吸烟散发出的烟雾中至少含有 3 种危险化学物质，分别是焦油、尼古丁和一氧化碳。焦油是由好几种物质混合成的物质，

行为与健康——儿童不良行为早期发现与矫正

在肺脏中会浓缩成一种黏性物质,损伤呼吸道;尼古丁是一种能使人成瘾的物质,由肺部吸收,主要对神经系统产生影响;吸入肺内的一氧化碳与血红蛋白迅速结合后降低了血液的含氧量,影响大脑的血液供应。

烟草几乎可以损害人体的所有器官。吸烟对儿童身体健康的危害主要体现在以下几个方面。

(一)损伤大脑影响智力

烟草中的尼古丁是一种神经毒素,主要侵害神经系统。吸烟后可产生一时性的麻醉剂效应,使人感到舒服与松弛。但这种欣快感是短暂的,随后神经系统便会出现抑制,使大脑的思维、记忆与判断等功能都相应减弱。与此同时,烟草燃烧过程中所产生的一氧化碳可影响大脑氧的供应,以致对儿童的学习能力造成损害。有研究表明,吸烟成瘾或长期"享用"被动吸烟儿童的智力水平比不吸烟者低。

(二)损伤气道影响呼吸

儿童的大支气管比较直,烟雾很容易进入肺泡。由于儿童、青少年呼吸系统尚未发育完善,对烟雾比较敏感且抵抗力低下。在烟雾的长期熏灼、刺激下,呼吸器官的防御机制遭到破坏,易引发急、慢性呼吸道炎症。此外,烟焦油内大量致癌物长期附着在呼吸道,会引发肺癌、喉癌等呼吸道癌变。科学家的调查已经证实,长期吸烟者比不吸烟者肺癌发病率高出 10～20 倍;患喉癌的几率高 6～10 倍。而且吸烟史越长、开始吸烟的年龄越早,发病率就越高。

(三)损伤容貌影响精神

常年吸烟可使人供氧相对不足,面色苍白,看上去容颜衰老。科学研究显示,吸烟的男性出现面部皱纹的危险比不吸烟男性高 2.3 倍，吸烟女性出现面部皱纹的危险比不吸烟女性高 3.1 倍。另外，吸烟使牙齿变黄，给人以不洁外观；口喷烟味也妨碍与人谈话或交际；吸烟的儿童、青少年常常显得萎靡不振，缺乏应有的朝气。也有研究证明，吸烟是导致抑郁症的众多危险因素中的一种。吸烟者患抑郁症的几率是不抽烟者的 4 倍。

（四）损伤黏膜影响消化

吸烟产生的致癌和促癌物质会直接刺激口腔黏膜，引起黏膜炎症性增生，进而引起黏膜增生与角化形成烟白斑，而 3%～5% 的白斑病人会发生口腔癌变。尼古丁刺激胃酸分泌，造成胃黏膜血液循环流量减少，从而降低胃黏膜抗病能力。吸烟者患胃溃疡的几率比不吸烟者高 3～7 倍，患胃炎的几率高 2 倍，患胃癌的几率高 3～4 倍。

（五）损伤血管影响心脑

近年来，因吸烟使一些年轻人或儿童、青少年早早罹患冠心病。长期吸烟会使血管处于收缩状态，导致血压升高、血管硬化、血管壁弹性减弱，进而可诱发脑卒中和冠心病。统计表明，冠心病的死亡率，吸烟者为不吸烟者的 2.7 倍。

五、怎样对待儿童吸烟

少年儿童的控烟问题需要个人、家长和全社会共同完成，三方面缺一不可。当发现孩子偷着抽烟时，首先要弄清原因，对症处理，否则会使他或她的逆反心理加重。不但吸烟难以去除，还难免出现其他品行问题。

1. **家长** 要阻止孩子吸烟，家长能做的最有效的方法就是自己不吸烟，身体力行。父母应尽力使家庭气氛和谐，培养孩子更多的乐趣，减少其心理压力，避免其从不吸烟中找乐趣。

2. 社会 大力宣传戒烟的好处。让民众了解到，吸烟的危害不会"立竿见影"，而是一个缓慢的侵蚀过程，一般通过二三十年的时间才能逐渐显现。因此，在疾病出现之前，吸烟者往往认识不到吸烟的危害。

3. 孩子 要教育孩子，全面了解吸烟对自身健康的威胁，并意识到间接吸烟对周围人群的危害性。

1. 拒绝"二手烟"

吸"二手烟"又称"被动吸烟"，指不吸烟者吸入吸烟者呼出的烟雾及卷烟燃烧产生的烟雾。二手烟雾已被美国环保署和国际癌症研究署确定为人类 A 类致癌物质。根据推算，目前我国遭受"二手烟"危害的人数可高达 7.4 亿。"二手烟"不仅可以致癌，也可诱发儿童哮喘、幼儿猝死综合征、气管炎、肺炎、耳部感染和肿瘤等疾病。近年来，吸"二手烟"的肺癌患者显著增加，年龄也越来越小。需要注意的是，吸"二手烟"并不存在所谓的"安全暴露"水平，只要房间中有吸烟的人，其他人都会受到危害。

2. 隐形杀手"三手烟"

所谓三手烟，即吸烟后残留在家具、墙壁、物品、衣物、头发和皮肤上的有害物质，也就是人们常说的"身上有烟味"。之所以将"三手烟"比喻为隐形杀手，是因为香烟有害物质在熄灭后 6 小时内都会存在。调查显示，即使吸烟者从不在家里或孩子面前吸烟，香烟的有毒残留物也会进入吸烟者的衣服和头发里，再传递给家人。由于婴幼儿的免疫系统比成人要脆弱，呼吸速度也比成人快，因此"三手烟"产生的有毒物质对于婴幼儿的危害更大。遗憾的是，大多数的吸烟者并不了解"三手烟"的危害性。

3. 世界无烟日

自1989年起,世界卫生组织规定,每年的5月31日为"世界无烟日"(World No-Tobacco Day),规定这一天世界各地既不吸烟也不售烟,并要求各国广泛宣传戒烟的意义。

警 言 警 语

儿童青少年时期开始吸烟的人比那些成年后开始吸烟的人更容易对烟草产生依赖,而成为终身吸烟者。有研究表明,若从15岁或更小年龄开始吸烟,将会有50%的几率死于与烟草相关的疾病。

行为与健康——儿童不良行为早期发现与矫正

第七章
宠物——魔鬼与天使的结合体

　　随着人们生活水平的不断提高,我国养宠物的家庭越来越多,无论是在城市或是农村,饲养宠物似乎已经成为一种时尚的生活方式。走在大街小巷,随处可以见到在与宠物玩耍、逗乐的儿童。面对我国已有宠物大约1.5亿的庞大数字,人们不得不感叹,难道我们进入"全民养宠"的时代了吗?在以宠物标榜时尚、享受快乐的同时,人们是否意识到它们带来的危险?认真审视一下,你和它的"亲密"程度是否已经达到零距离。

一、宠物种类何其多

　　在我国,一般泛指的宠物,主要是各式各样的小动物,如猫、狗、鸟、鱼和鸽子等。但近年来宠物花样的翻新更是非常迅速,不仅是一些小动物进入了千家万户,以前很少见的毒蛇、豚鼠、蜘蛛、松鼠、龟、蜥蜴等一些"另类宠物",也成了一些人的"最爱",以此彰显个性、寄托情感。

　　目前常见的宠物包括:

　　1. 哺乳类　　马、狗、猫、啮齿动物、兔、貂、刺猬、羊驼、小型的猪、猴、驴。

　　2. 鸟类　　虎皮鹦鹉、葵花鹦鹉、金刚鹦鹉、其他种类的鹦鹉、金丝雀。

3. 爬行类　蜥蜴、鬣蜥、龟、鳄鱼。
4. 两栖类　蛙、蟾蜍、娃娃鱼。
5. 鱼类　金鱼、锦鲤、热带鱼。
6. 昆虫类　蟋蟀、蜘蛛。

二、宠物是孩子的伙伴

一些西方国家几乎家家都有宠物，对于他们来说，宠物是孩子成长过程中不可缺少的玩伴。育儿专家也认为，作为孩子的伙伴，宠物确实有助于孩子培养爱心、学会沟通、增强责任感。因此，健康合理地饲养宠物可以给孩子带来欢乐。

（一）满足心理需求

儿童常常把宠物当做好伙伴，特别是现在的独生子女家庭，孩子会经常与小动物说话，就像他们常与动物玩具交流一样，宠物是孩子秘密的接收者和分享对象。孩子与宠物一起分享内心的情感，这在很大程度上也弥补了平日孩子与父母缺少沟通的遗憾。

（二）学会关爱他人

宠物提供了让孩子接触自然的机会，不自觉中孩子上了一堂生动的教育课，了解到一个生物是如何成长、繁衍的。在这个过程中，孩子也学会了如何尊重其他生物，体会到动物也和人类一样，也有喜怒哀乐，也会害怕孤独，也需要别人的关心，当孩子对动物有这样的心理的时候，那么他们看到街上的野狗或流浪的小动物，也会产生莫大的同情与关爱，而不容易出现粗鲁地对待和虐待小动物的行为。

（三）培养承担责任

饲养宠物可以培养孩子的责任心、爱心和社交能力。在孩子抚养小狗时，会扮演正面角色。而且，狗被心理学家广泛地用于医治或帮助有问题的孩子或成人。饲养小狗会给儿童带来责任感，以及对动物的理解和同情，这些常常会转移到人身上，产生同样的对人的理解、同情心和关心的效果。

（四）养成劳动习惯

养小动物之前，必须让孩子明白，养宠物是个长期的工作，不像其他玩具一样，想玩就玩，不想玩就可以丢弃，一旦决定要养宠物，就得把它当成是家里的一分子，必须永远爱护它。所以，如果孩子长大一些，可以将一部分照顾宠物的工作让他们来做，让孩子除了把宠物作为自己的玩耍伙伴之外，还要参与到实际的照顾与清理的工作中，以促成孩子的参与感和培养其责任心，也更能体会饲养动物的甘苦。

三、宠物背后的隐患

尽管招猫、逗狗、玩鸟确实能给人带来乐趣和安慰，但也有许多隐患或者直接的侵害，可给人带来疾病和危害。例如，狗会咬人并传播寄生虫病和狂犬病；鸽子、鹤和鹅会引起肺部感染；猫会诱发气喘；乌龟会传染沙门菌；宠物粪便给环境造成污染等。特别是以前很少见的蜥蜴、毒蛇、豚鼠等动物进入家庭后，更多人畜共患疾病，如狂犬病、流行性出血热、弓形虫病、口蹄疫等都与饲养宠物有关。

以下只是一些常见"宠物病"的举例说明，提醒家长加以注意。实际上，宠物对孩子健康造成的意外伤害远非如此。

（一）养狗需防狂犬病

1．表现及危害　狂犬病是一种由狂犬病毒感染引起的疾病。主要被病犬、病猫所咬伤而感染，有时甚至只需"舔一口"，都会因宠物唾液中携带有狂犬病毒而引发感染。病初患儿表现为低热、头痛、乏力、咽痛，有时咳嗽、腹痛。此外，还可有性格改变。由感觉过敏逐渐发展为咽喉痉挛，饮水时咽喉部发生剧烈、痛苦的痉挛，引起呼吸困难，故害怕饮水。由于恐水、喝水少，常发生脱水。病者常伴有高热、焦虑不安、谵妄、抽搐，死亡前由暴躁转入安静，恐水症表现消失，逐渐发生全身瘫痪，最终昏迷、心力衰竭、呼吸衰竭而导致死亡。据有关调查资料表明，有15%～30%的健康犬携带病毒，也就是说，表面看似健康的犬也有传播狂犬病的可能。

2．预防与治疗

（1）儿童一旦被可疑宠物咬伤后，一定要立即彻底清洗伤口，可用3%～5%肥皂水清洗或0.1%的新洁尔灭（苯扎氯铵）消毒后，再用清水冲洗。

（2）立即到正规预防接种门诊接种狂犬疫苗，全程接种的时间和剂量为第0，3，7，14和28天各肌内注射2毫升。

（3）切不可掉以轻心，因为狂犬病毒的潜伏期很长，从几个月甚至更长，其病死率几乎是百分之百。

（二）养猫慎防猫抓热

1．表现及危害　猫抓热指因猫抓伤或咬伤引起的一种局部皮肤所出现的疱疹化脓和淋巴结肿大、疼痛性疾病。这种病的初期症状为，被抓伤后的3～10日内在胳膊、手、头和头皮处出现水疱或小的肿块，这些初现的症状往往会被误以为虫咬的结果。其实，这是一种被称为接种性的伤口，细菌常常通过这里传入人体内。

在出现上述症状的患者中，大约有70%的人有被猫挠抓过的病史。在被猫爪挠抓过后的两周内，接种性伤口附近的淋巴结就会肿胀，摸起来比较软，这些肿胀的淋巴结通常见于腋下、颈部及锁骨处，肿胀淋巴结的直径从 1～5 厘米不等，同时周围还伴随着一片红肿区，这种淋巴结红肿可持续数月之久。

对于大多数被猫挠抓过的人来讲，淋巴结红肿即可表明其已染上了"猫抓热"，但约有 1/3 被猫抓过的人会出现较常见的症状，如发热达 38℃ 以上、乏力、食欲减退、头痛等。

2．预防与治疗　猫抓热一般不在人际间传播，主要通过被带有这种病菌的猫抓挠后而感染。因此，预防措施主要是不要与陌生或不熟悉的猫接触，并要教育儿童不要随意与猫耍逗，特别是不要与邻居家的猫和流浪猫玩。如被抓挠后，应用肥皂和清水彻底洗干净挠伤处。如果自己家里养猫，为了防止家人不慎被挠伤，不妨请宠物医生为家猫剪去爪甲。

（三）养鼠警惕"出血热"

1．表现及危害　随着宠物鼠进入家庭，甚至摆上了人们的餐桌，它所引起的流行性出血热引起了人们的注意。流行性出血热是由汉坦病毒引起、经鼠类传播的传染病。汉坦病毒寄宿在野鼠、田鼠或家鼠体内，可随鼠的尿、粪和唾液排出体外，污染环境和食物。人们食入了被病毒污染的食物或是吸入了带病毒的尘埃会造成感染。另外，病毒能从破损的伤口侵入人体，并且寄生在鼠身上的螨虫叮咬了人，也会导致感染。

流行性出血热的早期特点主要为发热、"三痛"（即头痛、腰痛、眼眶痛）和"三红"（即脸部、颈部、上胸部红肿充血）。为便于记忆，有人将疾病的临床特征总结为："高热脸红醉酒貌，头痛眼痛像感冒，皮肤黏膜出血点，恶心呕吐蛋白尿。"

由于一些重型病儿常常合并休克、尿毒症、肺水肿，以及脑和肺出血等并发症，因此患此病的死亡率很高。

2．预防与治疗

（1）养成良好卫生习惯，防止鼠类排泄物污染孩子的食品和食具。

（2）教育孩子要注意个人防护，切忌直接用手接触鼠类及其排泄物。

（3）流行性出血热疫苗是预防流行性出血热的主要手段之一，有效率可达到90%。

（4）由于太小的孩子不能约束自己的行为，常常会因为好奇去抓摸宠物而造成局部皮肤受损伤，因此最好不要饲养。

（四）养鸽当心呼吸道

1．表现及危害

（1）鼻炎：主要表现为鼻内发痒难忍、喷嚏不止、有大量清水样鼻涕，且有鼻塞、流泪、头痛等症状。这样发作常迅速地消失，但经过一段时间后又重新发作。宠物引起的过敏，主要是宠物身上油脂腺所分泌出的蛋白质，在它们舔毛时，这些蛋白质就沾到了皮毛上，随后飘散到空气中，又附着在人的皮肤上所引起的。也有部分过敏者是由于吸入宠物的毛、粪便、尿污染的灰尘后引起的。

（2）鸟哮喘病：原因是鹦鹉、金丝雀、鸽子类的呼吸道分泌物、唾液、粪便、羽毛、皮屑中可含有某些抗原物质，过敏体质的人吸入了含有这些抗原物质的粉尘，可引起支气管哮喘，甚至引起过敏性肺炎。

（3）饲鸽者肺炎：鸽子身上带有不少危害人体的真菌，如新型隐球菌等。当孩子与鸽子密切接触后，新型隐球菌便通过呼吸进入体内，在肺部引起炎症，因此患儿有发热、咳嗽、吐痰、胸痛等症状及气喘等表现。因此被称之为"饲鸽者肺炎"。

2．预防与治疗

（1）最好的预防办法就是避免接触宠物。

（2）经常给宠物洗澡，可以降低空气中过敏原的含量。

（3）注意室内通风换气和空气消毒，定时用吸尘器进行大扫除。

（五）赏龟小心胃肠病

1．表现及危害 宠物龟等一些爬行动物的皮肤里常常潜藏着一种易引起类似食物中毒的病菌，叫做沙门菌，它们接触每样东西都会留下病菌的痕迹。如果任由这些宠物龟、蜥蜴、甲壳虫等爬行动物在家具、地毯上爬来爬去，或是在厨房的水槽内清洗它们的笼子时，那些物品表面就可能被沙门菌污染。这些细菌在正常环境中可存活10个月左右，儿童接触宠物、物品表面后或进食前不洗手是感染该菌的最主要途径。沙门菌会引起腹泻、发热、胃绞痛等，并极可能在家人中反复传染，但症状通常在1周内会自行消退。

2．预防与治疗

（1）不能同宠物过分亲昵和避免让宠物舔吻。

（2）每次与猫狗玩耍之后要及时洗手，家长在接触宠物或有宠物的环境后，不应伸手抱孩子，而是应先脱掉外衣，洗净双手。

（3）沙门菌引起的传染病有时会变得非常严重，特别是对年幼的孩子，甚至可危及生命。所以，医生建议有1岁以下婴幼儿的家庭不宜饲养爬行动物，避免让5岁以下的孩童直接接触此类宠物。

（六）种类繁多的寄生虫

1. 弓形虫病

（1）表现及危害：弓形虫病的病原体是一种原虫弓形虫，传染源主要是猫和猫科动物，分先天性和获得性弓形虫病两种。孩子被感染后，可有发热、全身无力、眼结膜炎、肌肉酸痛、关节痛、淋巴肿大等症状。女性在怀孕期间被感染，弓形虫可经胎盘进入胎儿体内，导致胎儿发育异常，出现脑积水、小头畸形、小眼球、意识或运动障碍等各种脑畸形，也可有眼部病变，甚至失明。获得性弓形虫病可因直接与受感染的猫接触，如玩舔、被咬伤直接感染，或食入感染家禽、家畜的生肉、蛋类、乳类而感染。弓形虫病以年长儿及成人多见，多属无症状的隐匿型或以淋巴结肿大病变为主，预后良好，可获终身免疫。

（2）预防与治疗

1）避免宠物在外面捕食，如老鼠或鸟类等，也不要让宠物吃被污染的食物。

2）要注意日常卫生，每天清除宠物粪便，接触排泄物后要认真洗手。

2. 蠕虫移行症

（1）表现及危害：寄生在狗和猫体内的蠕虫，如狗钩虫、猫蛔虫、猫丝虫等感染人体后，由于对人体内环境不能适应，不能发育成熟，始终处于幼虫状态，并长期在人体内移行，使被侵犯的组织产生局部病变，并导致全身症状。其移行症可分为皮肤症和内脏症两类。其中，皮肤症主要是典型的蛇行状皮疹，奇痒难耐，晚期皮肤损害可出现疱疹和结痂。若是狗蛔虫移行，可刺激组织形成嗜酸性肉芽肿；若是狗丝虫和猫丝虫移行，可使肺部出现病变。

（2）预防与治疗

1）每天清洁宠物住所，物体表面的排泄物要立刻清除。可用3勺家用漂白粉加4.5升水搅匀后喷洒。

2）儿童在玩耍后和吃饭前要洗手，不要让儿童在宠物排泄过的地方玩耍。

（七）表现各异的皮肤病

1. 表现及危害

（1）皮肤癣病：由动物传播引起的儿童皮肤癣病，主要由红色毛癣菌、须癣毛癣菌、犬小孢子菌等一些真菌感染所致，可以出现红斑、丘疹、水疱或脓疱等较为严重的皮肤癣病，甚至引起全身发热、关节酸痛等。患儿需要及时就诊，否则不但会加重自身疾病，还可能在家庭成员之间传播，或者传染给同学，危害性很大。皮肤癣病最常见的是头癣和体癣。有资料显示，20世纪70年代末，我国已基本消灭的头癣近年来又有所抬头，这跟饲养宠物增多有关。

（2）过敏性皮炎：具有过敏体质的孩子吸入或直接接触动物的皮屑、毛发后产生过敏，从而导致各种过敏性皮炎，如荨麻疹、湿疹、特应性皮炎等。荨麻疹表现为反复出风团、瘙痒；湿疹或特应性皮炎在婴儿期以颜面部出现丘疹、糜烂、渗出或脱屑多见，儿童及成人期则常常在颈部、躯干、四肢（如肘窝处）皮肤出现增厚、粗糙、瘙痒、干燥、脱屑等症状。

（3）游泳池肉芽肿：这是一种细菌感染的皮肤病。致病菌为非典型分枝杆菌，在海生动物及海水中都可见到。患儿往往是在玩耍观赏鱼时被鱼刺刺破了手，从而病菌侵入。表现为伤口皮肤红肿、溃烂，形成溃疡。此时，应当及时到有条件的诊所或医院消毒和处理伤口,以免局部的细菌扩散到全身,甚至危及孩子的生命。

(4)新型隐球菌感染:新型隐球菌常见于鸽子的粪便中。感染后对孩子健康的危害性最大,不仅会导致皮肤病变,还可能波及肺部和脑部。皮肤隐球菌病主要表现为痤疮样皮疹、丘疹、硬结、肉芽肿等,中央可见坏死,甚至形成溃疡。一旦发展到脑部,必须马上抢救,否则就有生命危险。

2. 预防与治疗

(1)皮肤癣病的特点是易于扩散或传播,除及时治疗病儿的皮肤损伤外,还应当对有癣病的宠物给予及时、相应的处理,以切断传染来源。

(2)过敏性皮炎除对症处理外,祛除过敏源是最根本的治疗手段,所以应当尽快明确过敏源。

(3)避免皮肤损伤是预防游泳池肉芽肿的关键,一旦孩子的皮肤被鱼刺或其他物品刺伤、划伤,无论伤口大小,都应及时进行消毒处理。

(4)新型隐球菌的感染重点在于预防,确定感染发生后要及时到医院进行正规治疗。

四、与宠物相处的技巧

虽然从古至今宠物都是人类的好朋友,但如何才能与宠物和睦相处,以下一些技巧,可以借鉴。

1. 父母平时应当给孩子多讲一些动物的习性,让他们慢慢了解各种动物的特征。平常的时候可以带着孩子去接近一些温驯的动物,如兔子、小猪,鼓励孩子去摸摸它们,给它们喂食,看它们玩耍等。

2. 绝对不要让6岁以下的孩子和动物单独相处,哪怕是自己家里十分温顺的宠物,许多抓伤咬伤都是在孩子和宠物戏耍时发生的。宠物会兴奋过度,孩子却不知道自我保护。

3. 孩子与动物逗乐时,一定要有大人在一旁指导,特别是要告诫孩子哪些动作千万不能做,如不要随意将手指伸进宠物笼中,不要接触攻击性较强的宠物等。

4. 告诉孩子,不要把脸靠近宠物,不要随意靠近陌生的动物,未经宠物主人的同意不要抚摸它们的背部,不要拉扯它们的尾巴,不要拿走它们的玩具,宠物吃饭和睡觉时不要打搅它们。因为这些举动都容易激怒它们。

5. 宠物用鼻子嗅孩子时,要告诉孩子不要叫嚷,不要伸手去推打它,也不要用脚踢它,应该安静地站着不动,温和地跟它们说话。同时,立即要求其主人控制住宠物。

6. 教给孩子和邻居家宠物打交道的办法,只接近受主人控制的宠物。警告孩子,不要接近陌生的宠物和看上去对人不友善的宠物,比如,体型高大强壮,尾巴竖立不摇动,歇斯底里地狂叫,露出牙齿发出低沉的咆哮声的狗。

7. 在孩子与宠物玩耍时,最好给他们的手脚加一层覆盖物,这样即使发生宠物抓到孩子的情况,也不会对他们造成很大伤害。

8. 要教育孩子善待动物,不要随意用棍棒打宠物,即便是兔子、猫等平日里很温顺的宠物,如果突然被打,也会导致它们爆发攻击性的动作,伤害到孩子。

五、并非"危言耸听"

玩狗玩出眼寄生虫

李女士家里养着宠物狗,3岁的儿子涛涛因经常与狗亲密接触，结果患上了很罕见的眼结膜吸吮线虫病。眼科医生在涛涛的结膜内取出了四五个线状虫体。原来，结膜吸吮线虫寄生于狗、猫等动物的眼睛里，当孩子与宠物密切接触后，粘了虫卵的手去揉眼睛，虫卵即可进入人体，寄居眼内，继续发育为成虫。轻者患儿出现眼睛刺痒、有异物感、白眼球发红、疼痛；重者可造成眼内感染，甚至失明。因此，家里养有宠物的家长，除了要及时为宠物接种疫苗和驱虫药物外，更要注意孩子手的卫生。

警言警语

在人类和宠物亲密接触的同时，动物体内携带的致病微生物容易进入人体，因而与人类致病菌发生组合和变异的机会也就相应地增多。

第三部分
儿童电子产品过度使用与健康

随着科学技术的发展,电子产品的种类日益增多,也越来越多地融入孩子们的日常生活当中。对于成长在高科技产品无处不在的孩子们来说,陪伴电脑、手机的时间,往往比与家人、朋友在一起的时间都长,他们对电子技术的依赖也越来越深。"微博控"、"网购控"、"游戏控"等网络达人把生活"搬到"了网络中。学习之余他们一遍遍地刷新微博、点开QQ空间;下课途中,智能手机、ipad再纷纷"接手",放眼望去,公交车上经常可见青少年面无表情,紧盯着手中的手机、平板电脑或游戏机。岂不知,各种不断更新的电子产品在给孩子们带来了许多乐趣的同时,也在影响着他们的健康。许多人在使用家电过程中往往更是容易忽视一些小细节,结果给身体埋下了疾病的隐患。例如,"人机交往"渐渐蚕食着"人际交往"的领地,由电脑和手机带来的新"电子病"越来越困扰着孩子们。常常在不知不觉中,渐渐生出一张张表情淡漠的"屏幕脸",特别是对于性格原本就孤僻的孩子来说,甚至可能产生人格障碍与性格异常。

作为家长,对孩子们沉溺于电子产品而产生的不良行为又

第三部分 儿童电子产品过度使用与健康

知多少呢？电子产品对孩子的发育和成长又有多大危害呢？这里提醒大家，千万不要图一时的舒服或"省事"，反而给身体的疾病提供了孕育的温床。针对一些儿童相关的"电子产品综合征"，你们或许会在此找到答案。

第一章
儿童电视"综合征"

电视,这个40多年前在中国内地还鲜为人知的大众传播媒介,如今已进入千家万户。与其他某些大众传媒相比,电视以一种"后来居上"之势,发挥着独特的魅力,可谓是"独领风骚"。尤其对于当今的儿童青少年来说,他们是伴随电视长大的一代人,电视对其身心发展的影响尤为重大和深远。从国内外的相关资料来看,电视就像一把双刃剑,既能促进儿童健康成长,也可能妨害儿童的身心健康,甚至导致各种"电视病"。

一、儿童电视孤独症

为了更容易地理解什么是儿童电视孤独症,首先应当知道儿童孤独症的基本概念。一般来讲,儿童孤独症是一类以严重孤独、缺乏情感反应、语言发育障碍、刻板重复动作和对环境奇特的反应为特征的疾病。每1万名儿童中儿童孤独症有2～4例,多见于男孩,男女比例为4～5∶1。截至目前,儿童孤独症的病因尚没有确切的定论,多数人认为与遗传因素、器质性因素及环境因素有关。

(一)什么是儿童电视孤独症

近年来国外学者发现,随着电视机的普及,患孤独症的儿童日益增加。因此,他们将因看电视而引起孤独症的儿童赋予了一个非常形象的称号,即"儿童电视孤独症"。简单地说,儿童电视孤独症就是儿童因看电视而引发的孤独症。儿童电视孤独症多见于3~7岁的儿童。这种现象应该引起广大家长的注意。

(二)看电视为何会引发孤独症

心理专家认为,电视看得越多,与人交流就越少,就越不会与人交流。时间长了就可能不会表达自己、不能体察人情世故,从而陷入一种"社交笨拙"的困境,甚至把自己逐渐封闭起来。并且电视会剥夺孩子的思考力,因为看电视需要的只是孩子的被动注意力,他们在看电视的认知学习中会变得不再爱动脑筋。沉迷于电视的孩子在生活中也缺乏主动性,对电视的过度关注常常让他们忽略自己的玩具和小朋友,守在电视机前看那些并不适合他们的节目,而不愿意和其他人交流。

相对而言,尽管儿童的思维能力较差,但行为模仿能力较强。过多地看电视,可使大量的电视信息深深地渗透到儿童的性格和行为之中。经常地沉浸在电视虚幻的情景之中,会使正常孩子渐渐失去所应具备的情绪和情感,长大后容易成为心理不健康的人。

(三)儿童电视孤独症的行为表现

1. 每天长时间地看电视,让人觉得他们离不开电视,整天与电视为伴。不关心周围的事物,既对玩具不感兴趣,也不喜欢接触小朋友,不让看电视就会焦虑不安。

2. 看电视时不让别人干扰,还时常模仿电视中人物的动作、语言,仿佛自己就是电视剧的人物,并能将电视节目中的故事情节背得滚瓜烂熟,文不对题地应用于日常生活之中,有的患儿甚至出现了自言自语等反常行为。

3. 患儿性格孤僻，缺乏生活经验，缺乏学习能力，缺乏责任心、缺乏应付环境的能力，不能适应社会，情绪经常波动、不稳。

4. 国外专家经过观察和研究后指出，患了儿童电视孤独症的孩子，即使再经最优良的教育，将来仍会有相当一部分人不能很好地适应社会，也就是说不能像正常人那样很好地生活。这就充分说明了儿童过度迷恋电视的严重危害性。

（四）应对方法"短、平、快"

1. 强化良好的成长环境，培养孩子更广泛的兴趣和爱好，多参加户外活动。

2. 严格控制孩子看电视的时间，尤其是学龄前儿童，每天不超过两个小时。

3. 选择与孩子年龄相适应的电视节目，可根据年龄选择动画片、儿童文艺节目及智力竞赛等，不要让孩子看与其年龄不适应的节目。

4. 看电视时，家长应该陪着，给孩子讲解节目中的内容，帮助孩子理解。

二、儿童电视肥胖症

肥胖是指一定程度的明显超重与脂肪层过厚，是体内脂肪，尤其是三酰甘油积聚过多而导致的一种状态。儿童体重超过按身高计算的平均标准体重20%，或者超过按年龄计算的平均标准体重加上两个标准差以上时，即为肥胖症。中国预防医学科学院营养与食品卫生研究所调查发现，儿童肥胖的发生率正在随着看电视时间的增加而上升，看电视时间平均每增加1小时，儿童肥胖的发生率就会增加约1.5%。

(一)看电视为何会引发肥胖症

喜欢长时间看电视的孩子,缺少活动,体力消耗减少,皮下脂肪堆积,导致体内热能过剩。有的孩子边看电视边吃零食,心思全在电视上,往往不知道什么时候肚子饱了,会因吃得过多,造成胃肠功能紊乱。年龄稍大些的孩子看电视时还会无限制地吃高热能的零食,并且电视中的食品广告也有增进食欲的作用,均可引发孩子患上肥胖症。据统计,六成儿童肥胖与每天超时看电视有关。

(二)儿童电视肥胖症的行为表现

通常表现在伙伴关系不良、运动力低下的儿童。每天长时间看电视,不做身体活动,不和小朋友们玩耍,依靠电视玩乐,排遣心理失落和郁闷,尤其是一边看电视一边吃零食。

这种不健康的生活模式,使儿童的身体发育和心理健康进入恶性循环,可能对成年后的工作和生活造成不良影响。

(三)应对方法"短、平、快"

1. 减少看电视的时间,最好能暂时少看或不看电视。

2. 平衡膳食,不要让孩子再进食过多的饮料、零食、甜食、油炸食品等。但调整过程中应避免孩子有饥饿感,以免影响孩子的正常生长发育。

3. 增加孩子的活动量,养成喜欢户外活动或运动的习惯,最好多做一些跑步、跳绳、踢毽子、登楼梯、体操、游泳、踢球、骑车等可移动身体的有氧运动。

4. 针对孩子不同程度的自卑感、孤独感及对减肥缺乏毅力的特点,进行家庭心理治疗,给予疏导和帮助。

三、儿童"电视眼"

所谓"电视眼",就是由于孩子在长时间观看电视画面后

行为与健康——儿童不良行为早期发现与矫正

出现的眼睛疲劳、干涩及头晕等一系列的不适症状，严重时可影响眼睛的生理功能，导致视力下降。中、小学生是患电视眼的易感人群，可达90%以上。目前普遍认为，"电视眼"是青少年近视的一个十分重要的诱因。

遗憾的是，对于大多数的家长、老师或孩子来讲，只知道看电视、玩电脑久了会导致眼睛疲劳，却不知会对孩子的眼睛造成这么多的危害。

（一）看电视为何会引发"电视眼"

儿童处于生长发育阶段，眼睛的结构发育还不完全，容易疲劳，恢复能力弱，极易引发"电视眼"。有专家指出，看电视与"电视眼"的形成虽然有直接的关系，但电视机的品质也与"电视眼"的发生有着密切的关联。过亮的屏幕、过艳的色彩及拖动的画面，都是引发"电视眼"的罪恶之源。

1. 电视画面过强的亮光会大量消耗眼睛视网膜上的感光物质——视紫红质，造成视力暂时性减退，对于尚处于生长发育期的儿童来说，更容易导致近视。

2. 儿童眼睛发育期需要正确的色彩识别，促使视觉细胞正常发育。当电视画质过分追求艳丽、还原度偏低的时候，出现偏色现象，会伤害视网膜锥细胞上感受红、绿、蓝的视色素，影响眼睛对色彩的正确分辨能力。

3. 当电视画面晃动、拖尾的时候，对青少年视力的损害就如同在运动的车上看书，此时眼睛不能正确聚焦，极易产生眼疲劳、头晕等症状，导致调节焦距功能下降而引起近视。

（二）儿童电视眼的行为表现

人类眼睛属于对电磁辐射敏感的器官。当孩子长时间注视电视画面时，眼睛的眨眼次数会在无形中减少，从而减少了眼内润滑液和泪液的分泌，同时眼球长时间暴露在空气中，使水分蒸发过快，可造成眼睛干涩、疲劳。此时，孩子的主要行为表现是不停地眨眼睛或用手揉搓眼睛，以刺激泪液分泌，减轻眼睛的干涩与疲劳感。但殊不知，孩子用力过度或不恰当地揉搓眼睛不仅会造成角膜损伤，甚至可能导致永久性视力减退。

有人曾做过试验，连续看 4~5 小时电视，视力会暂时减退 30%。

（三）应对方法"短、平、快"

1. 减少看电视时间，甚至不看电视。
2. 保持与电视适宜的距离，坐椅应离电视机 2~4 米，不宜太近。
3. 禁忌光线太暗，最好在电视机的后侧方安上一盏小红灯，以保护视力。

四、儿童电视"性早熟"

许多家长都知道，儿童多吃煎炸食物、过度肥胖会引起性早熟，所以在日常生活中都会加以注意，但对看电视也会引起性早熟的道理却了解不多。最新临床研究证实，儿童接受电视有关的性内容时，在大脑神经中潜移默化地形成一种性信息，再从中分泌出性腺激素，从而使体内性激素旺盛，出现早熟。这种与电视密切相关的性早熟现象，被称为儿童"电视性早熟"。

（一）什么是儿童"性早熟"

"性早熟"是指儿童性成熟的年龄明显提前，主要表现为儿童的性腺（即男性的睾丸、女性的卵巢）功能过早发育、生殖器官发育提前和出现第二性征。因性发育提前开始，从而缩短了儿童的生长期，造成部分儿童成年后身高的损失及出现心理问题。医学上将性早熟的年龄界定为女孩 8 岁以前、男孩 10 岁以前。据报道，相对于 1975 年全世界开始研究性早熟时的发病率而言，目前全球儿童性早熟的发病率已经增加了 10 倍。这说明随着生活水平的提高，儿童性早熟问题日益严峻，预防及治疗性研究也已被迅速提到日程上来。

（二）看电视为何会引发性早熟

科学家研究发现，儿童超长时间观看电视可使人体内松果体分泌的褪黑激素减少，而这种激素被称为"睡眠荷尔蒙"，与儿童的青春期时间有密切的关系。动物研究也发现，褪黑激素水平降低是导致青春期提前的一个重要原因。正常情况下人体内的松果体一般在儿童期发育至高峰，以抑制性腺过早发育，7～10 岁起开始退化，对性腺发育的抑制作用也逐渐减弱。儿童若长时间暴露在电视光源下，身体内的褪黑激素将明显降低，对性发育的抑制作用减弱，可导致青春期发育提前，甚至出现性早熟。2006 年，深圳地区对 6～9 岁儿童性早熟儿童的问卷调查显示，性早熟组儿童看电视时间长于对照组。已有统计资料证实，儿童性早熟正以每年 30% 的速度增加。

（三）儿童电视"性早熟"的行为表现

"电视性早熟"的孩子常常有过长时间地看电视，偏爱看成人电视节目，包括那些"铺天盖地"、"绘声绘色"的丰胸美乳、治疗妇科病、性病等广告的经历，甚至有寻求模仿而做出一些不符合生理年龄的行为。

儿童"电视性早熟"起因看起来似乎比较简单，但实际上对儿童生理和心理发育的伤害却很深。由于性激素水平的不正常，使儿童的身高在某一个阶段迅速增长，但是青春期发育却受到制约,导致身高低于同龄儿童的平均水平。除生理上的损害外,更重要的是心理上的隐性危机。由于性早熟儿童激素水平的变化,更容易出现与异性接触而发生早恋、过早性行为的可能。有时会与同龄儿童的想法或做法格格不入,遭遇同伴的讥笑,产生自卑心理,导致自闭症或者孤僻的性格。

(四)应对方法"短、平、快"

1. 忌观看电视时间过长,一般学龄前儿童每天以看半小时为宜,小学生每天以看 1 小时为宜,中学生以不超过 2 小时为宜。

2. 忌无选择地看电视节目,过分离奇惊险的武打片和爱情片都不宜让儿童观看。

3. 引导孩子多读书、读好书,让他们转移对电视的兴趣。

4. 家长要学会和孩子一同观看儿童喜闻乐见的动画片,儿童题材的电视剧等,并明确告诉他们哪些成人电视剧是"儿童不宜"。

五、儿童电视癫痫病

近年来,随着电视机成为生活中必不可少的家庭设备,看电视已成为光敏感性癫痫中最常见的诱发因素。以往认为,儿童癫痫发作的原因是遗传、脑损伤、颅脑的其他疾病及外部环境因素等,很少有人会把癫痫发作与电视联系到一起。然而近来人们发现,日常生活中经常接触到的电视也会诱发儿童癫痫的发作,并且发病率有逐渐升高的趋势。

(一)什么是儿童电视癫痫病

电视性癫痫是指由于注视电视荧光屏所诱发的癫痫病,它是光敏感性癫痫的一种,通常是因为视网膜受到光刺激后而诱导癫痫发作的。有人统计,欧洲 60％以上光敏感性癫痫病人的

行为与健康——儿童不良行为早期发现与矫正

首次发作是由看电视所引起的。电视性癫痫多于电视图像跳动不稳、光线过强、画面变动速度过快或距离过近等情况下发作,症状为全身性强直痉挛发作、阵挛发作、失神发作及复杂部分发作等。

(二) 看电视为何会引发癫痫病

现在很多孩子每天花费大量时间在荧光屏前。由于电视微波具有反射、折射和偏振等性能,能使电位敏感性较高的神经细胞产生光电效应。强烈的荧光屏上视觉信号被视网膜神经细胞接受,使局部神经组织的电位和生物电流发生错乱,引起视觉中枢的异常放电。当这种异常放电迅速向大脑中心结构扩散时,搅乱了神经中枢的正常功能,从而引发癫痫发作。

与此同时,儿童电视癫痫病的发作也需要具备一定的诱发条件。首先是患儿有癫痫的素质或倾向,如有癫痫的家族病史。其次就是要有特定的环境刺激,常见以下几种情况:

1. 电视图像闪烁或图像滚动。
2. 离电视机的距离过近(最好离电视机3米以上)。
3. 频道变换的瞬间。
4. 几何图形失真。
5. 背景扭动,以及病儿健康状况改变,如疲劳或患其他疾病等。

(三) 儿童电视癫痫病的行为表现

电视癫痫病儿平时一般不发病,发作症状多为全身性强直痉挛发作、阵挛发作、失神发作及复杂部分发作等。有的孩子往往在观看电视2～3小时后,或者在走近电视机时,突然木然不动,片刻失神。有的孩子与普通癫痫一样,突然倒地、意识丧失、肢体抽搐、口吐白沫,甚至伴有尿失禁等症状。这些表现可持续数分钟。醒后尚有头痛、全身酸痛等一些遗留症状，但对发作经过全然不知，若反复发作则可危及生命。

电视性癫痫可发生于任何年龄，性别上没有明显差异，但以学龄前儿童较为多见。发病人数占所有癫痫病例的5%～10%。

（四）如何应对电视癫痫病

1. 预防电视癫痫病的发生，首先是劝告患有光敏性癫痫病的病人，不看电视或少看电视；其次是在电视荧光屏上出现图像跳动不稳、光线过强、画面变动速度过快或距离过近等情况时，让孩子立即背离荧光屏，等待调好后才可以继续看。

2. 对于电视性癫痫发作的处理，应尽快使患儿避开诱发的光源，选择合适的距离或配戴特制的眼镜观看电视。家长应注意帮助儿童及青少年养成良好的看电视习惯。定期进行脑电图检查，必要时应当在医生指导下进行常规的药物治疗，以控制和减少电视性癫痫的发作。

家长如发现自己的孩子在受到光刺激或正在看电视时出现惊厥反应时要引起警觉。另外，有些患儿可能只出现失神、行为古怪等症状，而没有典型的癫痫发作的表现。但如果这些症状在一定时间内反复出现，也应高度重视，及时到医院就诊，以免贻误病情。

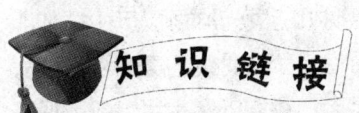

知识链接

1. 建议看电视的时长

(1) 3岁以下儿童：完全不看电视。

(2) 3～7岁儿童：每天30分钟至1小时。

(3) 7～12岁儿童：每天1小时。

(4) 12～15岁：每天1个半小时。

(5) 16岁以上：每天2小时。

2. 关掉电视

美国著名专栏作家威廉·卡尔迪，在他呼吁"关掉电视"的撰文中写道："假如你的孩子自小就是个电视迷，那么当他长到15岁时，总共会从电视屏幕上看到：约5万起凶杀案；约3万起抢劫案；约1万件强奸案；无穷无尽的床上镜头。而以上这些事情是在家庭和学校生活中体验不到的。可以说，电视节目是儿童获取犯罪信息的重要来源。

3. 电视机高度要合理

电视机摆放的高度最好与视线处于同一水平，一般不要超过1.3米，因为坐在椅子上的视平线高度男子约为1.18米，女子约为1.11米。恰当的高度可防止长时间抬头、低头或弯腰等不适，对保护视力有好处。

4. 看电视距离应适当

一般以距荧光屏长度4～5倍远的距离为宜。距离太近，眼睛容易疲劳；距离太远，图像模糊不清。此外，电视不要开得太亮或太暗，太亮会刺眼，太暗看不清楚图像。

5. 看电视时配盏灯

由于红光对人眼里含有的特殊感光物质——视紫质不起分解和破坏作用，可以起到能避免或减少眼睛的不舒服感，保护孩子视力的作用。以5～8瓦的侧射红光日光灯或台灯为最好。

6. 看电视时宜开窗

国外环保部门的一项调查指出，电视机的荧光屏可以产生一种叫溴化三苯并呋喃的有毒气体。他们观察到，一台电视机连续使用3天后，房间里所测得的有毒气体量与一个十字街口测得的量相当。新电视机荧光屏所产生的这种有毒气体则更多。因此，看电视时应保持室内空气流通，以避免对人体健康造成危害。

7. 久看电视宜饮茶

电视机工作时，由于大能量高速电子轰击荧光屏，会产生一些 X 射线。这种 X 射线虽然十分微弱，但如近距离长时间的观看电视，也会受到它的危害。茶叶中含有的茶多酚和脂多糖类物质能够抵抗辐射、增加白细胞，消除放射性物质对人体的危害。

8. 看完电视应洗脸

据测试，电视机开启后，荧光屏附近的灰尘比周围环境的灰尘多。而灰尘中的微生物和变态粒子长时间地附着在皮肤上，可导致皮肤病。因此，看完电视后要洗脸洗手，以清除皮肤上的附着物。

9. 常看电视补营养

医学研究表明，人每看 1 小时电视所消耗眼睛内的视紫质需要休息半小时才能恢复，而合成视紫质的原料是维生素 A 和蛋白质。因此，常看电视时要多进食富含维生素 A 和蛋白质的食物。

第二章
人脑与电脑，此消彼长

电脑可以说是20世纪末人类最伟大的发明之一，大部分家长给孩子购买电脑，也是因为相信电脑对孩子有益，认为它能够让自己的孩子在走向科技世界的起点上"抢先一步"。然而，电脑给人们生活带来巨大改变的同时，长期的"人机对话"，也会令孩子身体的各个器官都出现了微妙的变化……越来越多的研究显示，电脑在体能、精神、社交、道德和智能方面对儿童的危害是相当明显的。由此引起的各种健康问题，如"电脑眼"、"鼠标手"、书写遗忘症乃至电脑"身心失调症"等等"应运而生"。

一、"电脑眼"

孩子的视力一般在5岁以后逐渐达到成人水平，双眼视和立体视的建立和完善可能要到8岁，孩子稚嫩的眼睛最终发育稳定，则需要到18～20岁以后。电脑色彩艳丽、游戏丰富、携带方便，作为一种新的电子产品，使孩子能直观操作。但电脑让孩子们享受快乐的同时，也存在潜在危害，其中对于视力的伤害是最严重的，主要表现为视觉疲劳与干眼症。

（一）"电脑眼"的原因与行为表现

在正常情况下，人们看东西时，眼睑有规律地眨动，如同汽车的雨刷，不间断地将泪水均匀地涂布在角膜及结膜上，这样不仅能起到润滑作用，同时还将表面的代谢废物或外来的灰尘刷走，以保护眼睛。在正常情况下，孩子眼睑眨动的次数每分钟为15~20次，而操作电脑时每分钟眨眼5次，玩游戏机时每分钟仅眨眼3次。眨眼频次减少，导致眼睛泪腺分泌泪液功能低下，引发眼结膜"泪液润滑剂"减少或不足，极易出现眼睛干涩、发痒、灼痛、畏光等"干眼症"症状。长此以往，就会引发干眼症、视觉疲劳，甚至因眼泪不足而导致眼球表面发生鳞状变化，严重缺泪还可致角膜溃疡及感染发炎。

儿童处于生长发育期，眼睛负责调节看远看近的肌肉——睫状肌力量较强，当过度看近，特别是长时间使用电脑及相关产品时，就会使睫状肌失去弹性而影响眼部聚焦功能，出现视力疲劳而诱发近视，甚至还会造成弱视或斜视。另外，孩子长时间玩电脑，对眼睛影响较轻的表现是频繁眨眼，这是眼睛过度疲劳的一种症状，一般可消除，但若进一步发展成习惯性频繁眨眼，矫正起来就费力了。因此家长要特别提醒孩子，避免长时间紧盯电脑屏，珍惜孩子宝贵的泪水。这是"人工泪液"——护眼液所不能取代的。

（二）摆脱"电脑眼"的应对方法

1. 让眼睛充分休息 避免眼睛疲劳的最好方法是适当休息，切忌连续操作。每使用电脑2小时要休息10～15分钟，此时可远看窗外景观、绿色植物，只要不集中在近距离用眼，都有让眼睛得到充分休息的效果。

2. 眼部热敷或按摩 用热毛巾或是手帕覆盖于孩子的双眼（同时闭上眼睛），每天1～2次，每次热敷10～15分钟。也可以告诉孩子用大拇指轻按眼窝四周的骨头，从眼窝上方内侧开始,沿着骨头向眼睛外侧按摩,然后朝眼底往鼻子的方向移动,以起到放松眼的调节,减少视疲劳的作用。

3. 屏幕不宜过亮 为了避免荧光屏反光或不清晰,电脑不应放置在窗户的对面或背面,环境照明要柔和,如果操作者身后有窗户应拉上窗帘,避免亮光直接照射到屏幕上反射出明亮的影像而造成眼部的疲劳。

4. 注意眼睛"保湿" 多眨眼可以润湿眼睛,有效地预防干眼症。通常情况下,一般人每分钟眨眼少于5次会使眼睛干燥。当孩子全神专注于电脑屏幕时,眨眼的次数跟着减少,眼睛就会出现干涩或不适感。因此,最好的办法是养成多眨眼的习惯,确保泪液能将水分分散到眼角膜上,防止眼睛干涩和疲劳。

5. 用电脑的正确姿势 使用电脑的距离尽量保持在60厘米以上,调整一个最适当的姿势,使得视线能保持向下约30°,这样的一个角度可以使颈部肌肉放松,并且使眼球表面暴露于空气中的面积减到最低。

二、"鼠标手"

"鼠标手"是最常见的电脑病症之一,医学上称之为"腕管综合征",系由于保持一种姿势使用电脑鼠标的时间过长,导致了手腕、拇指、食指及中指的麻木和疼痛。

(一)"鼠标手"的原因与行为表现

使用鼠标时,人们常常会保持一种姿势而反复机械地集中活动一两个手指,很容易拉伤手腕的韧带,导致周围神经损伤或受压迫,出现食指或中指疼痛、麻木和拇指肌肉无力感,发展下去可能导致神经受损,进而引起手部肌肉的萎缩,甚至影响手的精细功能。

"鼠标手"的早期症状较轻,孩子会感觉到手指和腕关节疲惫麻木,有的关节活动时还会发出轻微的响声,类似于平常所说的"缩窄性腱鞘炎"的症状,此时需要充足的休息,一般情况下在经过几天的调整后,症状会慢慢减轻直至消失。当出现了手腕、拇指、食指及中指的麻木和疼痛等症状时,则是由于手指频繁地用力,使手及其相邻部位的神经、肌肉因过度疲劳受到损伤,造成了局部的缺血缺氧所致。据调查,女性发生"鼠标手"比男性多,这是因为,女性手腕通常比男性小,腕部正中神经容易受到压迫。

(二)摆脱"鼠标手"的应对方法

1. 尽量避免上肢长时间处于固定、机械而频繁活动的工作状态下,使用鼠标或打字时,每工作1小时就要起身活动活动肢体,做一些握拳、捏指等放松手指的动作。

2. 使用电脑时,电脑桌上的键盘和鼠标的高度,最好低于坐着时的肘部高度,这样有利于减少操作电脑时对手腕的腱鞘等部位的损伤。

3. 使用鼠标时,手臂不要悬空,以减轻手腕的压力,移动鼠标时不要用腕力而尽量靠臂力做,减少手腕受力。

4. 把电脑屏幕上的文字或图像放大,既方便观看,又可以更轻松自如地操作鼠标,减轻手部的疲劳。

5. 不要过于用力敲打键盘及鼠标的按键,用力轻松适中即可。

6. 鼠标最好选用弧度大、接触面宽的,有助于力量的分散。

7. 使用鼠标时配合使用"鼠标腕垫"垫在手腕处,可在一定程度上缓解鼠标手。

三、书写遗忘症

目前,电脑在生活中越来越普及,用笔写字似乎已成为20个世纪的事情,但因为长期缺少书写锻炼,不少"电脑族"长期依赖电脑书写,容易造成书写能力减退,对一些常用字感到生疏,不但书法程度倒退,会拼不会写的现象也日益普遍。

(一)书写遗忘症的原因与行为表现

在资讯科技时代到来之前,老师教导学生手写字体或字母。一些专家相信,儿童亲笔书写有助于学生记忆字体的笔画或字母的拼法,使他们对字体或字母之间所建立起的联系有更深的体会,也容易从中明白它们的含义。字体或字母拼写学得好,阅读就没问题。但对于长期使用电脑在键盘上打字的儿童来说却不必如此精通,电脑会代替他们纠正错误。可是,一旦孩子用电脑的时间长了,连写信都是发电子邮件,自然很多字都不会写了,更谈不上写得好坏了,往往是看见"似曾相识",可写的时候却想不起来怎么下笔了。这就是患上了被专家称为"书写遗忘症"的一种"电脑病"。相对学龄儿童而言,这种书写遗忘症的现象在成年人或青少年中更为常见。

其实,心理学和生理学研究表明,书写训练对培养思维、形成良好的行为方式十分关键,用手一笔一画地书写,可在大脑的语言中枢系统形成特殊印记,而且对人的意志、耐力、毅力和神经系统稳定功能也是必不可少的训练。而在电脑上敲字,则无法形成这种印记,会造成一种辨识抽象意义的困难。因此,尽管许多孩子在敲电脑时得心应手,但大脑中缺少必要的抽象思维能力,使得逻辑性和语言功能产生某种障碍。这种长时间地让机器代替儿童思考,让电脑蚕食了儿童学习一个重要技能的机会,必将会扼杀人类下一代的智慧。

(二)摆脱书写遗忘症的应对方法

1. 加强书写训练 书写训练,特别是教育孩子用手一笔一画地书写,对培养他们的逻辑思维、形成良好的行为模式至关重要。

2. 增强动笔能力 让孩子动笔写作,不但对培养他们的意志力、耐心和毅力具有很大的帮助,也是锻炼他们神经系统稳定性必不可少的一种训练方式。在动笔书写的过程中,可增强和培养孩子的记忆能力。

四、电脑"身心失调症"

所谓电脑身心失调是一种"新生病"。由于一些孩子,特别是青春前期或青春期的儿童,长期迷恋电脑操作或程序编制,可使尚未发育成熟的中枢神经和自主神经功能出现失调,引起一系列不适症状,对身体健康和心理发育造成双重影响。

产生电脑身心失调症的原因主要是电脑微波对人体的影响。由于孩子迷恋电脑,较长时间地处于电脑微波环境中而又忽视必要的保健措施,就会引起中枢神经功能的失调,出现头痛、失眠、心悸、多汗、厌食、恶心,以及情绪低落、思维迟钝、容易激怒或常感疲乏等症状。再就是思维定势错位所导致的心理失平衡,部分长期迷恋电脑的孩子,很容易养成要么执意坚持,要么全部放弃这一"非此即彼"的思维定势。这种定势的错位可使他们难以处理人际关系,从而加重了内心的紧张、烦躁和焦虑。

以下介绍几种常见的电脑"身心失调症"表现及应对方法。

（一）记忆力衰退

随着个人电脑日益普及，人们正越来越多地受到记忆力减退的困扰，主要原因是他们对电脑的过度依赖，使得自己的脑功能反而衰退。

研究显示，不仅仅是老年人，如今许多20岁左右的年轻人也正面临着记忆力下降的问题。有专家指出，这是与大脑充斥了过多的次要信息而达到了饱和状态有关。他们认为，这些人大脑中用于存储的容量已经饱和，信息超载使得他们无法吸收新的信息，而罪魁祸首就是电脑。日本的一项调查显示，越来越多的16～30岁的青年人因为对信息技术的依赖与日俱增，除了会导致身体损害，可能还会带来偏头痛、记忆力衰退、心神不定和注意力不能集中的问题。受记忆力衰退困扰的人有时会记不起自己或他人的名字，忘记写过的东西及约会的日期，某些情况严重的人常常不得不暂时放弃自己的学业。

（二）想象力被削弱

有了电脑，儿童不再需要做太多思考工作，他们所需做的只是学会如何对电脑屏幕作出某种反应，以浏览软件。这会导致儿童们惯于草率地揣测答案，他们不再认真地对问题彻底思考，反正操作软件看答案只是举手之劳。教育专家认为，目前为幼童所制作的教育软件大多属于死背式的学习模式。一些软件甚至"拒绝"学生们考虑它的范围以外的抉择，结果学生们的想象变得狭隘、刻板，失去了创造力，也没有了被授权克服所能解决问题的满足感。事实上，一篇好的作文，内容应该是由自创独特的见解开始的。

因此，与其用电脑程序设计来教导儿童关于东西的比例，父母们不妨在日常生活中就地取材形容给孩子们知道，学习效果会更好。孩子的创造力和想象力是无价之宝，万万不能在童年阶段就将它们扼杀掉!

(三) 语言能力退化

终日跟电脑为伍的儿童大多无法跟别人面对面沟通,他们会变得木讷,无法从别人的口头语言或言外之意中了解对方,或从丰富的肢体语言和表情中看懂人情世故。语言专家警告:缺少沟通对儿童的杀伤力是持久性的,长此下去,儿童可能不能很好地以文字语言表达自己,亦不能完全明白所读的东西,甚至连了解自己都有问题,这是因为他们对逻辑性和分析性的思考完全不懂。对于发育中的儿童来讲,是否具有"自我交谈"的能力很重要,他们的学习成绩和人格发展都与之有关。

不管在入学前或入学之后,语言程度薄弱的儿童在心灵深处也缺乏"自我交谈"的能力,他们无法对自己述说故事,或说服自己应对难题。毫不夸张地说,这种电脑儿童真的是在冒险!

(四) 注意力难集中

儿童必须学会专注才能在学业方面有所成就,专注能促进儿童的记忆力和听读能力,然而电脑抑制了这一才能的发展。在美国,目前是有史以来最多儿童被诊断出患上注意力不集中的时期。这些孩子现在必须靠服食药物才能集中精神,安心学习。

电脑软件里的各类设计,再加上跟互联网之间无止境的纠缠,儿童们已经很难定下心来专注于某一个科目的学习或者某一项任务的完成。如果家长们再不为此采取行动,让他们多出外走动走动,那么专心一致的梦想就更遥不可及了。

(五) 缺乏必要的耐心

电脑以快速、方便见称,结果就培养出一大批缺乏耐心的儿童,他们很容易对稍慢、稍烦的事物感觉不耐烦。1998年,卡耐基美农大学的一项研究发现,经常使用电脑的少年变得孤单而寂寞。而与此相反的是,那些把时间花在玩洋娃娃和阅读书籍、而不是久坐于电脑前的儿童,他们合群、外向、充满好奇感,在团队工作中表现出众。

"学校的电脑设备能促进学生交流"的说法令人质疑,理由是当整组学生坐下来,面对一台电脑时,操作键盘的仍然只是"一个人",促进交流的活动最后可能仅是一场争夺控制键盘的"悲剧"。

（六）摆脱电脑"身心失调症"的应对方法

1. 要指导儿童做好心理调整,纠正思维定势的错位,帮助他们积极处理好人际关系,给他们创造一个和谐、宽松的学校环境。

2. 告诉孩子要增强保健意识,用电脑时应当采取必要的预防措施,如操作电脑时间不宜过长,每小时休息15分钟,以调节体力与精力等。

3. 鼓励孩子平时多参加体育锻炼,注意劳逸结合,以增强抗辐射能力和调整中枢神经与自主神经的功能紊乱。

4. 在饮食上让孩子多吃富含维生素和蛋白质的食物,以及一些胡萝卜、菠菜、白菜、苦瓜、动物肝脏、瘦肉、豆类等含丰富维生素和蛋白质的食物。

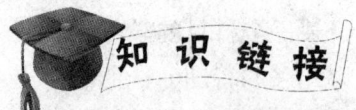

1. 手机指和手机肘

"手机指":又称"短信指"。由于拇指过于频繁地运动,引起掌指关节疼痛,很容易造成腱鞘炎,也就是人们所说的手机手,医学上称为拇指腱鞘炎,是指肌腱与外围的腱鞘出现发炎的现象,症状为掌指关节疼痛。

"手机肘":即"肘管综合征",是指尺神经在肘部被卡压引起的症状和体征。如果每天连续数小时接打手机或发送短信，手臂长时间地保持同一姿势，很容易造成前臂的尺神经因牵拉而受损，同侧的小指、无名指和手背小指侧就会出现麻木、疼痛、感觉减退或消失等不适症状。

2. 电脑躁狂症

英国的一项调查发现，英国上班族正饱受"电脑躁狂症"的折磨，不少白领阶层的病情十分严重。专家认为，这是现代人过分依赖科技产品的不良反应之一。这个病虽然不会通过空气传播，但绝对不能掉以轻心。产生的原因是由于对电脑产生了过度的依赖，所以当电脑出现故障后，会精神紧张、烦躁、不安，甚至有对电脑"动武"的倾向，如通过用力敲打键盘、鼠标，大骂电脑，摔砸电脑等方式发泄怒火，有的还将不满情绪发泄在家人或同伴身上，甚至由此铸成大错。

电脑躁狂症实质上是神经官能症的一种，主要症状包括焦虑、紧张、情绪烦躁、郁闷、头痛、失眠、心悸等。过于迷恋电脑的儿童患上神经官能症的比例很高，应该引起家长和老师的重视，必要时应主动寻求医生的帮助。

3. "触电"尺度

当今，电脑在儿童中如此的普及和流行，至少说明电脑和网络在共享资源、扩大知识面上有着它们独到的优势。因此，将孩子完全隔离在电脑等电子产品之外，毕竟不太现实。最重要的是父母要懂得怎样让孩子合理地接触电脑。

(1) 0～2岁——零接触：美国一项2007年的调查显示，约有90%的儿童在2岁前就经常在电脑或电视上看各种智力开发的节目，而父母的解释则是"为了促进孩子的智力发育"。其实，孩子的大脑需要在真实的环境下，才能健康地发育。例如，学爬行、走障碍等活动不仅能锻炼宝宝的身体，更多的是让他在立体环境中感知真实的三维空间。触碰、感觉、观察和移动实物，可帮助孩子了解真实的世界。因此，在这个阶段，多与孩子交流，多做游戏有利于他们神经认知系统的发育和成熟。

(2) 2岁至学龄前——少接触：在这个孩子能力迅速增长的时期，如果父母想让他们更多地学习知识，购买专业出版社出版的认知小读本是最好的选择，不仅经济而且实惠。同时这样的认知，比通过电脑学习得更快，且不易伤害眼睛。此时的孩子已经可以开始接触电脑了，比如家人自己摄录的各种照片、短片，大人、孩子一起欣赏，就会觉得其乐融融，只是上网冲浪、游戏等内容，还是应该杜绝。

(3) 上学后——控制使用时间：随着现代教学课程的多媒体化，孩子接触电脑的机会越来越多，此时，父母可以允许孩子用电脑完成作业，游戏则要先经过父母的筛选，提早帮孩子树立是非观念，提高对不良事物的"免疫能力"。此外，要对孩子的游戏时间进行强制性限定，以保证他们的休息和户外活动时间。同时要让孩子养成用电脑10～20分钟就休息一下、眺望远处的习惯。

手提电脑切勿长时间放在膝盖上使用

最近研究显示，将手提电脑放在膝上操作，身体会受到电磁波辐射的危害。手提电脑放在膝上使用，所产生的电磁波热效应，过于接近生殖器官，长期受热效应影响，男性精子的制造与活动力都会受到影响，进而增加以后不育的风险。

对于使用电脑的人，专家们列出了以下5点注意事项：

(1) 显示器不要放置太低，必须与眼睛保持在同一水平面。

(2) 肘部不要低于桌面。

(3) 键盘不要放在离手太远的地方，肘与两肩保持水平很重要。

(4) 坐椅不要太低，不要压低到膝盖以下部位。

(5) 使用电脑的人不要过度屈膝，把脚放在坐椅下，最好将整个脚平放在地面上。

第三章
手机达人的烦与恼

手机是现代文明的标志，它满足了当今社会人们对移动远程沟通的需求。在我国，随着社会经济的发展，手机似乎已经逐渐成为人们生活当中无法缺少的物品。然而，岂不知小小手机在给处在生长发育期的青少年们带来通讯便捷的同时，也会悄悄把疾病带到他们的身边。想象一下，低着头，手握手机，目不转睛，拇指、食指飞快刷屏看微博……这些画面相信对于那些年少的"微博控"们一定不会感到陌生！

有多少孩子拥有手机？

一项来自美国的调查显示，75%的美国青少年拥有手机。在美国的青少年手机用户中，31%每天发送至少100条短信，15%每天发送200条以上短信，每人每天平均发送50条短信。

加拿大的统计显示，在12～19岁的青少年中，手机拥有率为61%，"煲电话粥"已经成为不少孩子的习惯。

英国的一项调查发现，目前英国拥有手机的孩子约有450万人，其中在8岁以下的孩子中，每4人就有1人有手机，9～10岁儿童手机的拥有率约为58%，11～12岁儿童手机的拥有率为89%，13～14岁儿童手机的拥有率约为93%，15～16岁儿童手机的拥有率则高达95%。

在我国，参与一项题为"你会给孩子买手机吗"调查的3 500位家长中，88%的人给孩子买了手机。一项校园调查显示，学生中的手机拥有率分别为：小学 1~3 年级 10%，4~6 年级 30%，初中生 70%，高中生几乎人手一部手机。

手机隐患知多少？

手机的普及在给孩子提供交流便利的同时也的确在无声地吞噬着孩子的健康。例如，过分依赖手机可诱发孩子的心理问题，所产生的辐射可影响他们的正常发育，不良的使用习惯会对视觉、听力、关节，甚至皮肤产生一定的危害。为此，很多国家已经发出呼吁：让孩子远离手机。

一、儿童"手机依赖综合征"

（一）什么是儿童"手机依赖综合征"

概括地讲，手机依赖综合征就是表现为对手机的过分依赖。如果把手机关掉，而且 24 小时之内不再打开它，就会出现坐立不安、焦虑，甚至是恐惧等现象。这是一种因为手机使用不当所引起的儿童身心健康问题。

（二）用手机为何会引发"依赖综合征"

手机依赖的形成原因很多，概括起来可以分为社会因素和自身因素两个方面。

1. 社会因素

（1）在广告媒体的宣传下，孩子们追求新潮并且对新生的事物有着极大的兴趣，追求使用高档手机。方便的手机短信交流方式，以及电信部门提供的多种手机套餐，使学生间很快就建立起交流的网络。

（2）家长对子女上学期间的生活费用开支没有限制，造成学生在手机购买，以及电话费的使用上没有克制。而学校对学生在避免手机依赖症上的认识还不够，认为是学生的私事，缺少必要的教育。

2.自身因素

(1) 自制力弱：手机情结是一种心理上的情愫，由于每个学生的性格和心理特征存在差异，手机情结对每个个体的影响也就不尽相同。过度使用手机而产生对手机的依赖，在很大程度上是自身自制力与自律能力较弱所致，甚至犹如网瘾，也是一种精神上的瘾，如果在早期不能控制，就会越陷越深，导致症状加重而难以自拔。

(2) 虚荣心与群体效应：市场上的手机更新换代迅速，新款手机的外观和功能对追求新鲜的孩子们产生极大的诱惑力，同学中的手机攀比更加重了这一现象。

(三) 儿童手机依赖的行为表现

主要的行为表现有以下几种：

1. 总是把手机放在身上，如果没有带，就会感到心烦意乱，无法做其他的事情，甚至还有些害怕，但自己也说不清怕什么。

2. 总会有"我的手机铃声响了"的错觉，以至于听到钟表的声音，也会当成自己手机的声音，甚至还会产生一些幻觉。

3. 由于长期对手机的铃声特别敏感，即便是没有任何的声音刺激，也总会觉得耳边好像老有手机的铃声，要不停地去看自己的手机。

4. 经常下意识地找手机，有时候甚至将手机攥在手心才感到踏实，即便是吃饭或睡觉前，也不时地拿出来翻看，总是怕错过信息或者电话。

5. 即便是出去玩，或者是在假期没有功课的时候，如果手机不带在身上，也会觉得很不踏实，常坐立不安，什么也干不下去，严重的可以出现焦虑感。

6. 对别人看自己的手机，不管是有意还是无意，都非常地反感，非常地恼火。

7. 经常可伴有手脚发麻、心悸、头昏、出汗、胃肠道功能不好的现象。

8. 由于对手机的过分依赖,常可造成注意力转移,甚至影响学业。

判断手机依赖综合征的标准不止上述几条,可能还有很多,但概括地讲主要应体现在3个方面:一是对手机的滥用,不该用的时候也频繁使用;二是手机过多地影响生活、工作和学习;三是停机或手机不在身边时,身体会出现一系列的不适反应,包括心理和生理反应。

(四)应对方法

"保持联系","担心孩子遇到危险","别人孩子都有手机,自己的孩子也得有",这是很多家长给孩子买手机的主要原因。现如今,不让孩子用手机不太现实,关键是要引导孩子如何正确使用它。

1. 其实,"手机依赖症"并不是什么严重的病症,它不过是孩子们在失去手机后的一种心理反应,最有效的方法就是转移思维。一般来说,调整生活方式就可以得到缓解,如鼓励孩子和同学、朋友多参加体育活动,尽量抽时间或与他们一起旅游,外出散心等。

2. 帮助孩子制定一个限制使用手机的计划,在一定时间内不使用手机,尽量使用固定电话进行交流,这就是心理学上的所谓"系统脱敏"法。只要按照计划循序渐进,逐步延长手机限制的时间,坚持一段时间后,就可以摆脱"手机依赖症"了。

3. 万一已经发展为重度手机依赖,则需要去医院的精神科进行药物治疗,同时辅以心理咨询。切记,千万不可讳疾忌医,延误最佳矫正时机。

二、手机辐射与儿童健康

手机电磁辐射是否会对人类健康造成危害,这一问题在学术界一直存在争议。为此,各国科学家开展了多方面的研究,以求尽快解决这一长期困扰公众的问题。到 2005 年,全球手机用户已达到 20 亿人。如果手机辐射对使用者健康存在危害的话,那么它将成为 21 世纪最广泛的污染源之一,即使它对健康存在微弱的不良影响,也会带来巨大的健康损失。

(一)用手机为何会影响儿童健康

手机辐射是电磁波的一种。当人们使用手机时,手机会向发射基站传送无线电波,这些电波就是手机辐射。任何一种无线电波或多或少地会被人体吸收,从而影响人体组织,对人体的健康带来危害。目前,手机辐射量的大小通常以手机吸收辐射率(SAR)值来衡量,SAR 值越低,辐射被吸收的量就越少。从电磁波影响生物体细胞的活力来说,手机辐射会对人体健康带来一定的危害。

(二)手机辐射对儿童行为发育的影响

虽然关于手机辐射对人体有多大的影响,目前存在不同的意见。有的报告认为,手机射频发射频率比较小,辐射对人体的影响很小,手机生产厂商们更是认为,手机辐射对人体健康不会产生任何负面影响。但医学专家强调,手机辐射的危害是肯定有的。已有实验发现,手机辐射可引起人体神经系统、心血管系统、免疫系统、生殖系统等病理改变。科学研究也显示,孩子过早使用手机、使用时间过长可能会产生手机依赖,对身心带来诸多方面的伤害。

1. 损伤神经系统 英国某期刊研究显示,儿童颅骨厚度显著低于成人,对辐射的吸收率明显高于成人。孩子的神经系统正处于发育阶段,受到的潜在威胁更大。一项测试表明,儿童使用手机时，大脑对手机电磁波的吸收量要比成人多60%。儿童用手机会造成记忆力衰退、睡眠紊乱等健康问题。手机辐射会破坏孩子神经系统的正常功能，从而引起记忆力衰退、头痛、睡眠不好等一系列问题。

2．影响生长发育　大剂量的电磁波不仅对儿童的生长发育不利，还会带来诸如哮喘、白血病之类的疾病。儿童正处于生长发育阶段，身体组织中的含水量比成人丰富，而手机微波具有对水分含量越多的器官伤害越大的特点，因而，微波对人体眼睛的伤害最大。此外，长期发短信还可能导致孩子手指发育畸形；低头玩游戏等会对孩子的颈椎带来很大伤害。

3．干扰思维模式　电话和短信剥夺了孩子与他人面对面交流的机会，容易让孩子变得怯懦、孤独、偏执。澳大利亚一项研究表明，爱发短信的青少年，思考问题难以深入，凡事急于求结果，性格比同龄人更冲动。常用手机上的联想输入功能发短信，会使孩子们做其他事时只追求速度，而忽略准确性，极大地影响他们的思考方式。

4．破坏心理健康　频繁给同学、朋友发短信，有可能让孩子们更不会对父母讲真心话，加深父母的失控感和亲子之间的隔阂。另一方面，随着现代通讯技术的发展，手机同样可以随时随地上网，这就使得下载游戏更为便利。有的孩子可能会过度沉迷于游戏中，影响其成长。同时，手机更新换代速度飞快，使得没有判断力的孩子接触过多信息，容易贪慕虚荣、盲目攀比，甚至铤而走险，给他们带来无法挽回的伤害。

（三）应对方法

当然，最有效的办法是摒弃手机，特别是儿童及孕妇，尽可能地不用。但由于手机已成为近年来人们沟通交流的首选工具，所以它的广泛使用是不可阻挡的潮流。国内外对于手机使

用的安全性有不同的意见和建议,其中以美国匹兹堡大学罗纳德·赫伯曼博士近日提出的几条颇为实用,可供参考:

1. 通话时,手机与身体至少保持5厘米距离。因为在离身体5厘米外的地方,手机电磁场振幅的强度是原来的1/4,而在离身体9厘米以外的地方,它的强度只有原来的1/50。因此,最好使用扬声器或耳机,在这两种情况下,手机辐射仅是标准手机的1/100。

2. 如果必须携带手机,一定要保证键区位置朝向身体,背面冲着身体外侧。这样,传输的电磁场就能远离你的身体。

3. 通话时,有规律地变换身体朝向。这样会分散身体所遭受的辐射。另外,等到对方接起电话时,再把手机放在耳朵上,以减少电磁场释放的辐射。

4. 在汽车或火车上也要尽量避免使用手机。因为此时手机不断尝试连接中断的信号,会使辐射增加到最大值。

5. 多发短信少打电话。这样会减少手机与头部的接触时间。

6. 睡觉时,不要把手机放在枕头旁边,孕妇最好不要用手机。

7. 手机快没电时、充电时,最好也不要打电话。

警 言 警 语

中国消费者协会有针对性地提出5条"忠告":

(1) 手机接通最初7秒最好不要马上贴耳接听,因为此时电磁辐射最大。

(2) 使用分离耳机和分离话筒,这样会大大降低头部受到的电磁辐射。

(3) 最好在信号不好的地方不使用手机,拉出天线可以改善通话质量,手机在较低功率水平上时,电磁辐射强度低。

(4) 身边如果有其他电话,就不要使用手机,减少遭受电磁辐射的几率。

(5) 通话时,手机不宜紧贴头脸,尽量减少通话时间,如一次通话的确需要较长时间,不妨分成两三次通话。

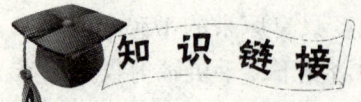

1. 12岁以下儿童少用或不用手机

12岁以下的孩子最好少用或不用手机。给12岁以上孩子配备手机,家长要格外注意两点。第一,手机功能不要太炫、太花哨,能保证基本通话、发短信即可。手机功能太多,孩子一方面容易形成攀比心理,另一方面容易沉溺于复杂的功能当中,过度玩游戏和听音乐等。第二,应该限制孩子使用手机的时间。

2. 手机依赖自测法

(1) 你常把手机放在身上吗?

(2) 你会不会总有"我的手机响了"的幻觉?

(3) 接听电话时你是不是总觉得耳旁有手机的辐射波环绕?

(4) 你是不是经常下意识地找手机?

(5) 你是不是总在害怕手机自动关机?

(6) 你晚上睡觉也开着手机吗?

(7) 当手机经常连不上线、没有信号时,你会对工作、学习产生强烈的无力感吗?

(8) 最近经常有手脚发麻、心悸、头晕、冒汗、胃肠功能失调等症状出现吗?

如果上述问题的回答有一半以上是肯定的,那你很可能患有"手机依赖症",或者有染上"手机依赖症"的倾向。